Sabine Peters

Laserscanner und Minispektrometer basierend auf hochdispersiven optischen Dünnschichtfiltern

Laserscanner und Minispektrometer basierend auf hochdispersiven optischen Dünnschichtfiltern

Laserscanner und Minispektrometer basierend auf hochdispersiven optischen Dünnschichtfiltern

von
Sabine Peters

Dissertation, Karlsruher Institut für Technologie
Fakultät für Elektrotechnik und Informationstechnik, 2010

Impressum

Karlsruher Institut für Technologie (KIT)
KIT Scientific Publishing
Straße am Forum 2
D-76131 Karlsruhe
www.ksp.kit.edu

KIT – Universität des Landes Baden-Württemberg und nationales
Forschungszentrum in der Helmholtz-Gemeinschaft

KIT Scientific Publishing 2011
Print on Demand

ISBN 978-3-86644-689-2

Laserscanner und Minispektrometer basierend auf hochdispersiven optischen Dünnschichtfiltern

Zur Erlangung des akademischen Grades eines

DOKTOR-INGENIEURS

an der Fakultät für

Elektrotechnik und Informationstechnik

des Karlsruher Instituts für Technologie (KIT)

genehmigte

DISSERTATION

von

Sabine Peters, geb. Lauterbach

Geburtsort: Ulm

Tag der mündlichen Prüfung: 16.12.2010

Hauptreferent: Prof. Dr. rer. nat. Uli Lemmer

1. Korreferentin: Prof. Dr. Martina Gerken

2. Korreferentin: Prof. Dr.-Ing. Ellen Ivers-Tiffée

DANKSAGUNG

Die vorliegende Dissertation entstand am Lichttechnischen Institut (LTI) des Karlsruher Instituts für Technologie (KIT). An erster Stelle danke ich meinem Doktorvater Prof. Dr. rer. nat. Uli Lemmer, der mich ausgezeichnet in einem spannenden Forschungsgebiet betreute und meine Arbeit unterstützte. Ebenso danke ich meiner ersten Korreferentin Prof. Dr. Martina Gerken von der Christian-Albrechts-Universität zu Kiel für die ausgezeichnete wissenschaftliche Betreuung, für viele fachliche Diskussionen und Ratschläge. Für die Übernahme des zweiten Korreferats und der damit verbundenen Arbeit bedanke ich mich bei Prof. Dr.-Ing. Ellen Ivers-Tiffée vom Institut für Werkstoffe der Elektrotechnik (IWE) des Karlsruher Instituts für Technologie (KIT).

Die Baden-Württemberg Stiftung ermöglichte im Rahmen des Projektes „Maßgeschneiderte hochdispersive Dünnfilmfilter für Laserscanning-Anwendungen" zu großen Teilen die Finanzierung meiner Promotionszeit.

Meinen Diplomandinnen Katja Dopf und Olivia Ocaña sowie meinem Studienarbeiter Yunwu Sui und meinen studentischen Hilfskräften Thilo Mönicke, Nico Heußner, Uwe Bog, Christin Bechtel und Raphael Synowiec danke ich für die tatkräftige Unterstützung meiner Arbeit. Ein herzlicher Dank geht auch an meine Kollegen Alexander Colsmann, Ulf Geyer, Christian Karnutsch, Martin Punke und Marc Stroisch für viele spannende Diskussionen und die gute Kooperation innerhalb des Instituts. Felix Glöckler danke ich für viele fachliche Anregungen und für die Durchführung der Optimierung des Filterdesigns. Außerdem danke ich ihm und Yousef Nazirizadeh für die Einweisung in die Arbeit im Laserlabor. Andreas Pütz danke ich für das Aufdampfen von organischen Schichten.

Allen Mitarbeitern des LTIs – insbesondere dem Sekretariat und meinen Zimmerkollegen – danke ich für die angenehme, produktive Arbeitsatmosphäre.

Philipp Metz aus der Arbeitsgruppe Integrierte Systeme und Photonik der Christian-Albrechts-Universität zu Kiel danke ich für die gute Kooperation bei den ZEMAX-Simulationen.

PUBLIKATIONEN

"Hybrid organic-dielectric thin-film stacks for nonlinear optical applications", S. Peters, F. Glöckler, U. Lemmer, M. Gerken, Thin Solid Films **516**, 4519 (2007).

"Organic Photo Detectors for an integrated Thin-Film Spectrometer", S. Peters, Y. Sui, F. Glöckler, U. Lemmer, M. Gerken, Proc. of SPIE Vol. **6765** 676503-1 (2007).

"Tunable superprism effect in photonic crystals", F. Glöckler, S. Peters, U. Lemmer, M. Gerken, Phys. Stat. Sol. A **204** 3790 (2007).

"Hybrid organic-dielectric thin-film stacks for non-linear optical applications", S. Peters, F. Glöckler, Y. Nazirizadeh, M. Gerken, U. Lemmer, Proceedings of the 6th International Conference on Coatings on Glass and Plastics (ICCG), Dresden (2006).

"Design of a 1:N switch using nonlinear optical materials in one-dimensional photonic nanostructures", F. Glöckler, S. Peters, M. Gerken, U. Lemmer, Proc. SPIE **6393** (2006).

„Two-dimensional optical scanning using a single actuator", S. Peters, P. Metz, K. Dopf, U. Lemmer, M. Gerken – in Vorbereitung.

PATENTE

Patentanmeldung: 10 2007 048 780.2, Titel: Strahlumlenkvorrichtung, Anmelder: Landesstiftung Baden-Württemberg gGmbH, Datum: 10 Oktober 2007.

BETREUTE ARBEITEN

Diplomarbeit: „Entwicklung eines Mikrolinsenarrays für einen 3D-Laserscanner", Katja Dopf (2007).

Diplomarbeit: „Microlenses for highly dispersive thin film filters", Olivia Ocaña (2006).

Diplomarbeit: „Schichtsysteme für neuartige Superprisma Bauelemente", Matthias Breitling (2005).

Studienarbeit: „Organische Photodetektoren für ein kompaktes Dünnfilmspektrometer", Yunwu Sui (2007).

INHALTSVERZEICHNIS

1 EINLEITUNG

Ausgangspunkt für diese Forschungsarbeit ist der Ansatz, hochdispersive photonische Kristalle als Wellenlängenmultiplexer in miniaturisierten, optischen Systemen einzusetzen. Wegweisend ist hierbei die Forschungsarbeit von Kosaka et al. [1, 2] , der bei einer Wellenlängenänderung von nur einem Prozent (990 nm → 1000 nm) einen Ablenkwinkel von 50° in einem dreidimensionalen photonischen Kristall beobachtete. Diese starke Dispersion in einem photonischen Kristall wird als „Superprisma-Effekt" bezeichnet. Mit Hilfe von photonischen Nanostrukturen kann hiermit eine kleine Laserwellenlängenänderung in eine große Winkeländerung umgesetzt werden. Der „Superprisma-Effekt" ist theoretisch verstanden und experimentell nachgewiesen [3-7]. Als problematisch erweist sich jedoch die praktische Realisierung von zwei- und v. a. dreidimensionalen photonischen Kristallen innerhalb der benötigten Fertigungstoleranzen. Kommerziell sind daher bisher keine Bauelemente erhältlich, die auf dem „Superprisma-Effekt" beruhen.

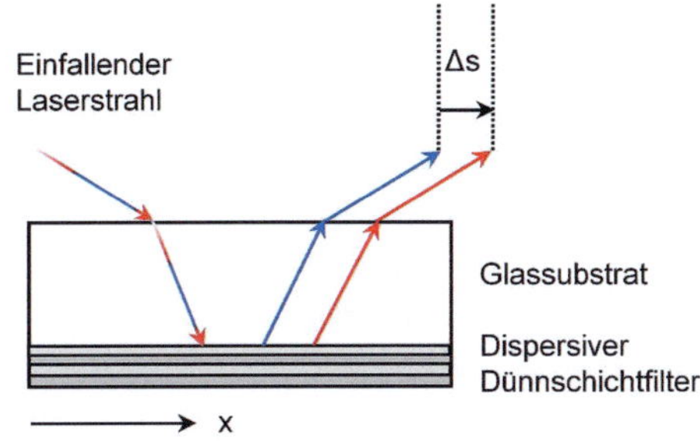

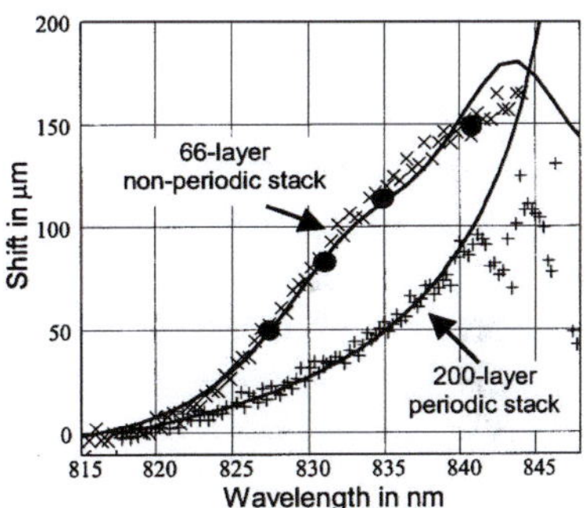

Abbildung 1.1: Schema der Strahlverschiebung Δs in x-Richtung durch einen dispersiven Dünnschichtfilter.

Abbildung 1.2: Zusammenhang zwischen Wellenlänge λ („Wavelength in nm") und Austrittsort s („Shift in µm") entlang der x-Achse an dispersiven Dünnschichtfiltern. Messung von Gerken et al. [8].

Seit einigen Jahren ist bekannt, dass auch in Dünnschichtfiltern bei Schrägeinfall des Laserstrahls die Überlagerung der Phasen der reflektierten Strahlanteile gewinnbringend genutzt werden kann [8, 9]. Dieser Effekt ist äquivalent zu dem sogenannten „Superprisma-Effekt", d.h. der starken Änderung des Gruppenpropagationswinkels mit der Wellenlänge in photonischen Kristallen. Dieser wurde experimentell in ein- [3] zwei- [7] und dreidimensionalen [2, 10] photonischen Kristallen gezeigt. Für den Einsatz des „Superprisma-Effekts" in realen Bauteilen [8, 11-14] eignen sich besonders eindimensionale photonische Kristalle in Form von Dünnschichtfiltern, da sie vergleichsweise zuverlässig und kosteneffizient hergestellt werden können. Das gilt sowohl für periodische Dünnschichtfilter als auch für entsprechend entworfene nicht-periodische, räumlich dispersive Dünnschichtfilter. Beide können in Abhängigkeit von der Wellenlänge eine örtliche Verschiebung des Strahls bewirken. Anschaulich dargestellt ist die Funktionsweise in Abbildung 1.1. Ändert sich die Wellenlänge des einfallenden Lichtstrahls, so tritt der Strahl an einer um Δs örtlich verschobenen Stelle aus dem Dünnschichtfilter aus. Im Gegensatz zum Szenario bei einem Glasprisma verlaufen die Komponenten unterschiedlicher Wellenlänge hinter dem dispersiven Dünnschichtfilter parallel zueinander.

In der Literatur [8] wurde gezeigt, dass mit nicht-periodischen Dünnschichtfiltern bei 8 Reflektionen eine Strahlverschiebung von 100 μm und eine Wellenlängenänderung von 15 nm bei guter Strahlqualität erreicht werden kann. Abbildung 1.2 zeigt das Ergebnis der Messung von Gerken et al.. Aufgetragen ist sowohl die gemessene als auch die simulierte Verschiebung in Abhängigkeit von der Wellenlänge von zwei unterschiedlichen dispersiven Dünnschichtfiltern. Der periodische Dünnschichtfilter besteht aus 200 Schichten, der Dünnschichtfilter mit nicht-periodischem Filterdesign kommt mit nur 66 Schichten aus. Beide Filter zeigen eine Strahlverschiebung in derselben Größenordnung. Mit dem nicht-periodischen Designansatz werden nicht nur weniger Schichten benötigt, er ermöglicht zudem das Design einer näherungsweise linearen Verschiebung mit der Wellenlänge. Das Durchstimmen der Wellenlänge von 825 nm zu 840 nm bewirkt an beiden vorgestellten Dünnschichtfiltern eine Verschiebung der Wellenlänge um ca. 100 μm. Eine Verschiebung in dieser Größenordnung macht Dünnschichtfilter als dispersive Elemente in integrierten optischen Systemen interessant.

Ziel dieser Arbeit ist es, erstmals integrierte optische Systeme auf Basis hochdispersiver, optischer Dünnschichtfilter zu realisieren. Es werden zwei neuartige integrierte Bauelemente auf Basis des „Superprisma-Effekts" erstmals in Form von Prototypen realisiert, charakterisiert, und ihre Möglichkeiten und Limitationen diskutiert: ein Dünnschicht-Laserscanner und ein Dünnschicht-Minispektrometer. Da die zentrale Funktion der Bauelemente jeweils durch einen dispersiven Dünnschichtfilter erfüllt wird, sind die Bauelemente mit ca. 10 mm³ von sehr geringer Baugröße. Insbesondere auf Grund der mechanischen und chemischen Widerstandsfähigkeit der Dünnschichtfilter bieten sie viele Freiheitsgrade bezüglich des Systemdesigns und der Integration weiterer Komponenten.

1.1 Gliederung der Arbeit

Im Folgenden werden zunächst die beiden neuartigen Dünnschicht-Bauelemente vorgestellt, die im Rahmen dieser Arbeit entwickelt wurden: der Dünnschicht-Laserscanner (1.2) und das Dünnschicht-Minispektrometer (1.3). Zentraler Bestandteil dieser Bauelemente, die im Rahmen dieser Arbeit erstmals als Demonstratoren realisiert werden, ist der hochdispersive Dünnschichtfilter. Design, optische Eigenschaften und technische Fertigung des Dünnschichtfilters sind Thema des Kapitels 2. Danach folgen zunächst die Unterkapitel zu Planung, Herstellung und Charakterisierung des Dünnschicht-Laserscanners ohne bewegliche Bauelemente (3.1). Anhand von Simulationsergebnissen werden im Unterkapitel 3.2 Möglichkeiten der Systemoptimierung des Laserscanners diskutiert. Im Unterkapitel 3.3 wird des Weiteren ein neuer Ansatz inklusive erster Simulationen und Messergebnisse zur Strahlumlenkung durch Kombination eines Aktuators mit einem optischen Array vorgestellt. Die Ergebnisse der erstmaligen Realisierung eines Dünnschicht-Minispektrometers auf Basis von Dünnschichttechnologie werden in Kapitel 4 vorgestellt und diskutiert. Im letzten Abschnitt erfolgt eine Zusammenfassung der gesamten Arbeit.

1.2 Dünnschicht-Laserscanner

Das ein-, zwei- oder dreidimensionale Umlenken optischer Strahlen durch einen Laserscanner ist in vielen unterschiedlichen Anwendungsgebieten erforderlich. Laserscanner werden u. a. zur Strichcode-Erkennung und Objektvermessung, bei optischen Freiraumverbindungen und optischen Sensoren, sowie in der Endoskopie und Spektroskopie eingesetzt. Dabei spielen die Schaltgeschwindigkeiten der optischen Bauelemente und das exakte, kontrollierte Ablenken von Laserstrahlen eine entscheidende Rolle [15, 16]. Für Laserlithographie oder optische Freiraumverbindungen sollen Laserstrahlen konkrete Punkte im Raum ansteuern. In verschiedensten Bereichen werden optische Sensoren auf Basis von Laserscannern eingesetzt, z. B. um Gefahren rechtzeitig zu erkennen bzw. richtig auf Umwelteinflüsse zu reagieren. Eingesetzt werden Laserscansysteme auch im Bereich Biotechnologie, z. B. zur Analyse von Gewebeproben.

Nach bisherigem Stand der Technik wird eine Ablenkung durch mikrooptische Spiegel realisiert, die dreh- und kippbar sind [17, 18]. Solche Systeme sind allerdings in ihrer Schaltgeschwindigkeit auf den Milli- und Mikrosekunden-Bereich beschränkt. Abbildung 1.3 zeigt, wie ein Laserstrahl über einen drehbaren Spiegel abgelenkt wird. Trifft er auf das Zielobjekt, so wird der Strahl auf eine Fotodiode reflektiert.

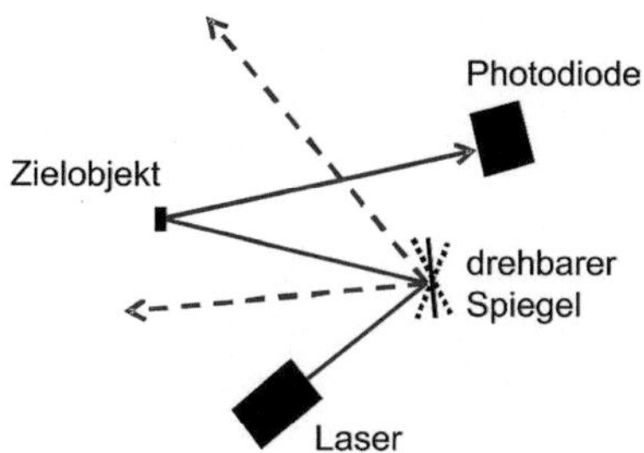

Abbildung 1.3: Schematische Darstellung der prinzipiellen Funktionsweise eines Laserscanners. Ein Laserstrahl wird über einen oder mehrere mikrooptische Spiegel abgelenkt. Trifft er auf ein Zielobjekt, wird der Strahl reflektiert und fällt auf einen Fotodetektor, der das Signal registriert.

Nach dem aktuellen Stand der Technik wird ein Linienscan realisiert indem der Eintrittsort oder die Eintrittsrichtung eines Strahls in ein optisches Element wie z. B. eine Linse [19] einen Spiegel [20-22], eines Gitters [23, 24] oder Prismas [25] entlang einer Achse mechanisch geändert wird. Auch andere optische Elemente wie Flüssigkristalle [26, 27], oder eine akustooptische Bragg-Zelle [28] werden zur Ablenkung von Laserstrahlen eingesetzt. Ein weiterer Ansatz erreicht eine Positionsänderung von Laserstrahlen durch die Änderung der Fernfeldinterferenz durch die Verstimmung der Wellenlänge des verwendeten Lasers. Um zwei oder drei Dimensionen abzutasten werden bisher immer zumindest zwei aktive Komponenten benötigt [19, 29-31].

Im Rahmen dieser Arbeit wurden Systeme entworfen und untersucht, die wenige bzw. gar keine mechanischen Komponenten zur Laserstrahlablenkung benötigen. Die Kombination von Linsen mit einem dispersiven Filter und einem durchstimmbaren Laser ermöglicht einen Positionswechsel des Laserstrahls innerhalb von Nanosekunden ohne den Einsatz von Mechanik, wenn entsprechend schnell durchstimmbare Laserdioden [27] eingesetzt werden. Abbildung 1.4 zeigt schematisch den Laserscanner ohne mechanische Aktuatoren. Ausgehend von der Laserdiode trifft der Laserstrahl auf das Glassubstrat. Er wird an der Substratrückseite an dem dispersiven Dünnschichtfilter reflektiert und trifft dann auf die Auskoppellinse. Die Reflektion an dem dispersiven Dünnschichtfilter bewirkt eine örtliche Verschiebung des Austrittsorts des Laserstrahls in Abhängigkeit von seiner Wellenlänge um Δs. Über die Auskoppellinse wird die laterale Verschiebung in eine räumliche Ablenkung umgesetzt.

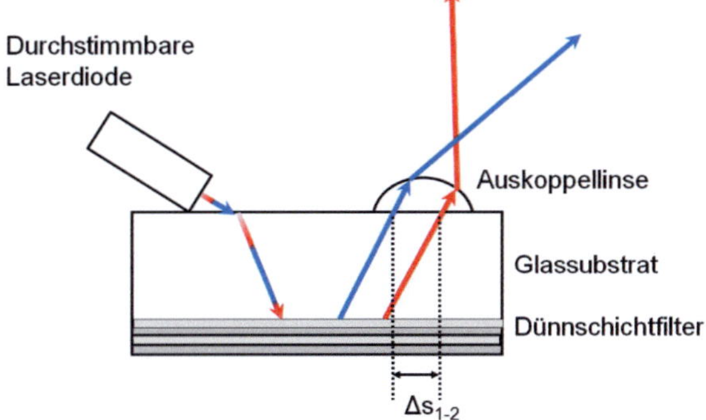

Abbildung 1.4: Schema des Laserscanners auf Basis einer Laserdiode, eines dispersiven Dünnschichtfilters und einer Mikrolinse für die Strahlauskopplung.

Das Ablenken der Laserstrahlen erfolgt durch einen einfachen, robusten Aufbau ohne bewegliche Teile. Die Ablenkgeschwindigkeiten liegen im Nanosekundenbereich. Das Konzept lässt sich gut in ein Gesamtsystem für Anwendungen in der Informations- und Kommunikationstechnik sowie in der Mess- und Sensortechnik integrieren. Es kann sowohl für das Nachführen von optischen Verbindungen (Abbildung 1.5) als auch als optischer „Interconnect" in optischen Netzwerken eingesetzt werden. Der vorgestellte Laserscanner ist z.B. in der Lage mit einer aktiven Regelung Drift- und Temperatureffekte auszugleichen. Besonders vielversprechende Anwendungsfelder sind in der Bio- und Medizintechnik und im Bereich der Fahrzeugtechnik zu erkennen. Beispielsweise könnten fluoreszenzmarkierte Zellen mit dem entwickelten Laserscanner gerastert und untersucht werden. Das vorgestellte Laserscanner-Konzept ermöglicht es innerhalb von Nanosekunden gezielt konkrete Punkte im Raum abzutasten ohne dass eine komplette Rasterung des Raums notwendig ist.

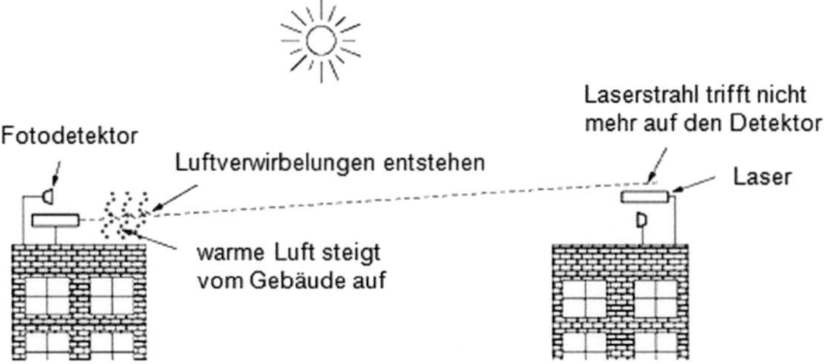

Abbildung 1.5: Optische Datenübertragung über eine Freiraumverbindung, die z.B. auf Grund von Wärmeströmungen in der Luft laufend nachjustiert werden muss [32].

1.3 DÜNNSCHICHT-MINISPEKTROMETER

Eine Vielzahl von Anwendungen erfordert heute kompakte, preiswerte optische Charakterisierungssysteme. Unter anderem in der Analyse von Gasen oder bei biomedizinischen Anwendungen werden bevorzugt optische Messungen wie die Absorptionsspektroskopie eingesetzt, da sie eine kontaktlose und nicht-invasive Charakterisierung von Materialeigenschaften ermöglichen. Entscheidend für erfolgreiche optische Messungen ist die Anpassung der verwendeten Spektrometer an die jeweiligen Anforderungen. Je kleiner das Spektrometer ist, desto besser kann es in verschiedene Gesamtsysteme integriert werden. In den letzten Jahren wurden verschiedene Mikrospektrometer vorgestellt, die auf der Verwendung von MEMS (engl. Micro-Electro-Mechanical Systems) oder speziellen Gitterstrukturen basieren [33-35].

Im Rahmen dieser Arbeit wurde der Ansatz verfolgt, ein Spektrometer in reiner Dünnschichttechnologie zu realisieren. Die Kombination eines dispersiven Dünnschichtfilters mit organischen Fotodetektoren ermöglicht die Realisierung eines sehr kleinen, kompakten und kostengünstig herstellbaren Dünnschicht-Minispektrometers für analytische Anwendungen. In Abbildung 1.6 ist das im Rahmen dieser Arbeit entworfene Dünnschicht-Minispektrometer dargestellt.

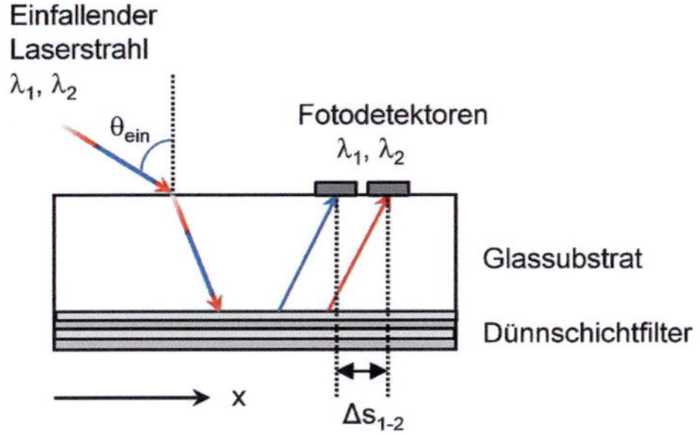

Abbildung 1.6: Schema des Dünnschicht-Minispektrometers.

Das Licht trifft unter einem Winkel θ_{ein} auf die Oberseite des Substrats. Licht unterschiedlicher Wellenlänge wird bei der Reflektion an dem dispersiven Dünnschichtfilter örtlich getrennt. Das Licht unterschiedlicher Wellenlänge verläuft dennoch auch innerhalb des Substrats parallel zueinander. Die daraus resultierende Verschiebung der Strahlaustrittsposition $\Delta s_{1\text{-}2}$ in x-Richtung und damit auch die Wellenlänge des eintreffenden Lichts wird über zwei organische Fotodetektoren registriert. Mit jeder Reflektion des zu untersuchenden Strahls innerhalb des Bauteils nimmt die räumliche Verschiebung mit der Wellenlänge zu. Es werden daher beim Design des Dünnschicht-Minispektrometers mehrere Reflektionen des Strahls vorgesehen. Damit eine Überlagerung der einfallenden und reflektierten Strahlenabschnitte vermieden wird, ist das Substrat im Vergleich zu dem Dünnschichtfilter und den organischen Fotodetektoren mit z.B. ca. 1 mm relativ dick. Strahldurchmesser und Einfallswinkel bestimmen die Mindestdicke des Substrats.

Zur Detektion der Austrittsposition des Strahls eignen sich insbesondere organische Fotodetektoren, da sie monolithisch auf dem Dünnschichtfilter integriert werden können [36]. Das fertige Dünnschicht-Minispektrometer ist damit ein Hybridsystem aus dielektrischen, organischen und metallischen Dünnschichten, die auf einem Glassubstrat aufgebracht werden.

2 HOCHDISPERSIVE DÜNNSCHICHTFILTER

Die Funktionsweise der in dieser Arbeit vorgestellten Dünnschichtsysteme basiert auf der Integration eines dispersiven Dünnschichtfilters. Optische Dünnschichtfilter werden bereits vielfältig eingesetzt und in verschiedenen Standardverfahren hergestellt: Die optische Transmission von Fensterscheiben kann durch die Beschichtung mit dielektrischen Dünnschichten wellenlängenselektiv herabgesetzt werden, so dass z.B. nur sichtbares Licht die Scheibe passiert, infrarote Strahlung hingegen reflektiert wird. Auf diese Weise wird an heißen Tagen ein Aufheizen des Raumes hinter dem Fenster durch Sonneneinstrahlung vermieden, während gleichzeitig keine Abstriche bei der Raumbeleuchtung gemacht werden müssen. Komplexere dielektrische Dünnschichtfilter werden als Laserspiegel verwendet. Beim Einsatz von Metallspiegeln würde die hohe Leistungsdichte der Laserstrahlung dazu führen, dass der geringe im Spiegel absorbierte Strahlanteil bereits zur Zerstörung des Spiegels führen würde. Dielektrische Dünnschichtspiegel können hingegen im relevanten Wellenlängenbereich mit einer Reflektion von nahezu 100% hergestellt werden, so dass keine Gefahr der Zerstörung auf Grund von Absorption besteht. Die wellenlängenselektive Reflektion bzw. Transmission solcher optischer Beschichtungen basiert auf der konstruktiven bzw. destruktiven Überlagerung der Feldamplituden der an den einzelnen Dünnschichten reflektierten Strahlanteile. Bauelemente wie der dispersive Dünnschichtfilter, die explizit die Phaseneigenschaften der Filter nutzen, sind erst seit einigen Jahren Gegenstand der Forschung [9]. Die vorliegende Arbeit basiert auf einem solchen Dünnschichtfilter. Er ist so ausgelegt, dass ein auftreffender Laserstrahl in Abhängigkeit von seiner Wellenlänge bei der Reflektion lateral verschoben wird.

Welche Eigenschaften der dispersive Dünnschichtfilter im Detail haben soll, wird in den folgenden Abschnitten diskutiert. Es wird aufgezeigt, welche Verschiebungsprofile mit einem dispersiven Dünnschichtfilter erreicht werden können (2.1) und wie örtliche Dispersion und gespeicherte Energie im Dünnschichtfilter zusammenhängen (2.2). Welche Rahmenbedingungen beim Filterdesign für den Einsatz im Dünnschicht-Laserscanner und Dünnschicht-Minispektrometer eingehalten werden müssen, erläutert Kapitel 2.3. Anschließend wird die Vorgehensweise beim Filterdesign (2.4) und die Herstellung des vielschichtigen Dünnschichtfilterdesigns (2.5) erläutert. Die Vor- und Nachteile der Verwendung eines Hybrid-Dünnschichtfilters aus dielektrischen und organischen Dünnschichten in optischen Systemen werden im Kapitel 2.6 diskutiert.

2.1 VERSCHIEBUNGSPROFILE

An vergleichsweise kostengünstig und präzise herstellbaren Dünnschichtfiltern wurde der „Superprisma-Effekt" in der Literatur nahe der Reflek-
tionsbandkante für periodische sowie auch für nicht-periodische Strukturen gemessen. Im Gegensatz zu den periodischen Strukturen [3] können
nicht-periodische [12] Dünnschichtstrukturen impedanzangepasst, d.h.
mit minimalen optischen Verlusten des Laserstrahls beim Ein- und Aus-
koppeln, entwickelt werden und ermöglichen die Realisierung von besseren Dispersionseigenschaften [1, 7]. Abbildung 2.1 zeigt vier unterschiedliche Ansätze, wie dispersive Dünnschichtfilter entworfen werden können:
als periodische oder gechirpte Strukturen, als Resonatorstrukturen oder
numerisch optimierte Strukturen [37].

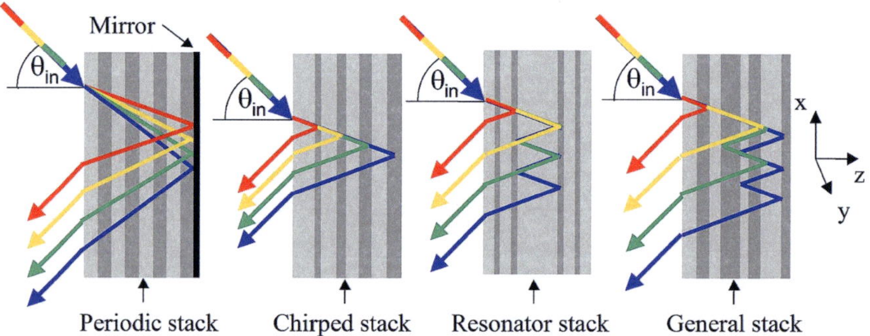

Abbildung 2.1: Verschiedene Typen von Dünnschichtfiltern mit hoher räumlicher Dispersion [37].

Sowohl ein lineares als auch ein Stufen- oder Sägezahn-
Verschiebungsprofil sind damit prinzipiell realisierbar (Abbildung 2.2) [37].
Mehrere Veröffentlichungen [11-14] berichten detailliert darüber, welche
Möglichkeiten sich durch die flexibel anpassbare Dispersion in Dünnschichtfiltern ergeben. Sowohl der Absolutwert der Dispersion als auch
das Dispersionsprofil bezüglich der Wellenlänge des reflektierten Lichts
kann auf die angestrebte Anwendung zugeschnitten werden.

Dabei muss allerdings der Einfallswinkel des zu detektierenden Strahls
berücksichtigt werden, da sich die Verschiebecharakteristik des Dünnschichtfilters bei größeren Einfallswinkeln hin zu kleineren Wellenlängen
verschiebt.

Je nach tolerierbarer Absorption und gewünschter Brechzahldifferenz
können zudem unterschiedliche Schichtmaterialien eingesetzt werden.

Als Basis für die Schichtoptimierung wird entweder ein Resonatordesign oder ein sogenanntes „chirped" Design zugrunde gelegt.

Traditionelle Dispersionselemente wie Gitter oder Prismen besitzen bezüglich des Verschiebungsprofils weniger Freiheitsgrade. Sie sind daher weniger flexibel und zeigen eine niedrigere Dispersion. Dass eine hohe Verschiebung allein durch die Reflektion des Strahls innerhalb des Dünnschichtfilters erreicht werden kann, wirkt sich besonders vorteilhaft auf die Systemgröße aus [11].

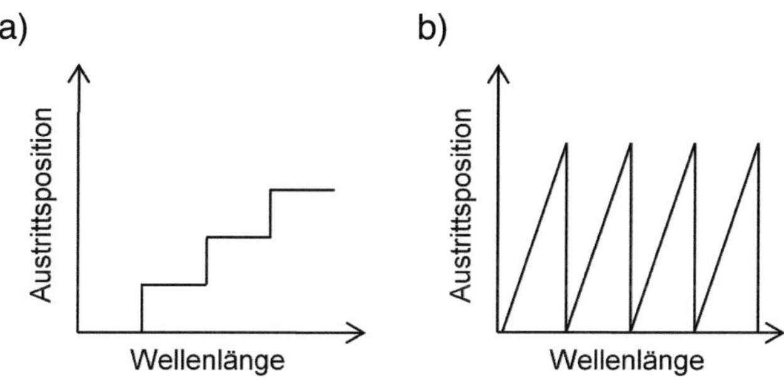

Abbildung 2.2: Designziel für die Austrittsposition als eine Funktion der Wellenlänge für zwei verschiedene Typen von dispersiven Dünnschichtfiltern. (a) Stufenförmige Strahlverschiebung. (b) Strahlverschiebung mit Sägezahnprofil.

2.2 DISPERSION UND GESPEICHERTE ENERGIE IM DÜNNSCHICHTFILTER

Die Designalgorithmen und Schichtfolgen der oben vorgestellten dispersiven Dünnschichtfilter unterscheiden sich deutlich voneinander. Physikalisch steht die örtliche Dispersion bei Schrägeinfall in allen vorgestellten Dünnschichtfiltern jedoch in direktem Zusammenhang mit der zeitlichen Dispersion und der in der Struktur gespeicherten Energie [37]. Um die physikalische Beziehung zwischen diesen Parametern zu veranschaulichen wird im folgenden der Zusammenhang zwischen örtlicher Dispersion, zeitlicher Dispersion und der in der Struktur gespeicherten Energie in Bezug auf die Arbeit von Martina Gerken [37] mathematisch dargestellt.

Unter zeitlicher Dispersion versteht man die Veränderung der Gruppenlaufzeit (engl. „group delay") τ_{group} in Abhängigkeit von der Wellenlänge. Idealerweise ist die Transmission des Dünnschichtfilters für den relevanten Wellenlängenbereich gleich Null. Daher wird hier nur die Verschiebung und die Gruppenlaufzeit in Reflektion berücksichtigt. Zugrunde liegt der folgenden Betrachtung ein Dünnschichtfilter wie in Abbildung 2.1 schematisch dargestellt: Die einzelnen Schichten des Filters sind entlang der xy-Ebene angeordnet, der Lichtstrahl trifft schräg auf die xy-Ebene. Der Wellenvektor $\vec{k}$ setzt sich folglich zusammen aus einer Komponente β in x-Richtung und einer Komponente K in z-Richtung (2.2-1).

$$\vec{k} = \beta\,\vec{x} + K\vec{z} \qquad (2.2\text{-}1)$$

Ebenso kann die Gruppenausbreitungsgeschwindigkeit v_g durch die Anteile v_{gx} in x-Richtung und $v_{gz,}$ in z-Richtung beschrieben werden (2.2-2).

$$\vec{v_g} = v_{gx}\,\vec{x} + v_{gz}\,\vec{z} \qquad (2.2\text{-}2)$$

Über die Ableitung der Frequenz ω der Strahlung nach dem Wellenvektor werden die Gruppenausbreitungsgeschwindigkeiten v_{gx} und v_{gz} berechnet (2.2-3) und (2.2-4).

$$v_{gx} = \left.\frac{\partial\omega}{\partial\beta}\right|_{K=konst} \qquad (2.2\text{-}3)$$

$$v_{gz} = \left.\frac{\partial\omega}{\partial K}\right|_{\beta=konst} \qquad (2.2\text{-}4)$$

Die beiden Komponenten der Gruppenausbreitungsgeschwindigkeit schließen den Gruppenausbreitungswinkel θ_{group} ein (2.2-5).

$$\theta_{group} = \tan^{-1}\frac{v_{gx}}{v_{gz}} \qquad (2.2\text{-}5)$$

Die Gruppenlaufzeit τ_{group} für die Reflektion am Dünnschichtfilter berechnet sich aus der Division der örtlichen Verschiebung s_x in x-Richtung und der Ausbreitungsgeschwindigkeit $v_{gx,}$ in x-Richtung (2.2-6).

$$\tau_{group} = \frac{s_x}{v_{gx}} \qquad (2.2\text{-}6)$$

Die örtliche Verschiebung s_x ergibt sich aus der geometrischen Betrachtung der Reflektion am Dünnschichtfilter unter dem Ausbreitungswinkel θ_{group} in Abhängigkeit von der Gesamtschichtdicke d_f des Dünnschichtfilters (2.2-7).

$$s_x = 2\, d_f \tan(\theta_{group}) = 2\, d_f \left(\frac{v_{gx}}{v_{gz}}\right) \qquad (2.2\text{-}7)$$

In z-Richtung wird bei der Reflektion zweimal die Gesamtschichtdicke des Dünnschichtfilters durchlaufen. Unter Berücksichtigung des Wellenvektors K in z-Richtung ergibt sich für die Reflektionsphase folgender Zusammenhang (2.2-8):

$$\phi_{refl} = 2\, d_f K \qquad (2.2\text{-}8)$$

Setzt man die Gleichungen (2.2-7) und (2.2-4) in Gleichung (2.2-6) ein, so ergibt sich unter Verwendung von (2.2-8) der Zusammenhang (2.2-9).

$$\tau_{group} = 2\, d_f \left(\frac{\partial K}{\partial \omega}\right)\Bigg|_{\beta=konst} = \left(\frac{\partial \phi_{refl}}{\partial \omega}\right)\Bigg|_{\beta=konst} \qquad (2.2\text{-}9)$$

Je stärker sich also die Phase bei der Reflektion am Dünnschichtfilter mit der Frequenz ändert, desto höher fällt die Gruppenlaufzeit aus.

Betrachtet man die Reflektion der Strahlung am Dünnschichtfilter als ein System mit einem Eingang und einem Ausgang, so kann über Tellegrens Theorem [38] ein weiterer Zusammenhang für die Gruppenlaufzeit hergeleitet werden. Das Theorem beschreibt die Abhängigkeit der Verzögerungskonstante, also hier der Gruppenlaufzeit, von der im System gespeicherten Energie. Voraussetzung für die Gültigkeit des Ansatzes ist das Vorliegen eines linearen, zeit-invarianten, verlustlosen Systems [39]: Das Licht trifft in Form einer ebenen elektromagnetischen Welle auf einen Dünnschichtfilter. Der Eingang des Systems befindet sich auf der Vorderseite des Dünnschichtfilters, der Ausgang des Systems auf der Rückseite des Dünnschichtfilters. Die Transferfunktion $r(\beta,\omega)$ beschreibt den Zusammenhang zwischen dem auftreffenden und dem reflektierten Licht. Den Zusammenhang zwischen dem auftreffenden und dem transmittierten Licht beschreibt die Transferfunktion $t(\beta,\omega)$. Da der dispersive Dünnschichtfilter möglichst keine Transmissionsverluste aufweisen sollte, ist der Betrag der Transferfunktion $r(\beta,\omega)$ für die Reflektion gleich eins.

Da die dielektrischen Dünnschichtfilter für entsprechend energiearme Strahlung verlustlos und linear sind, ist zu erwarten, dass die Gruppenlaufzeit proportional zu dem Quotienten aus gespeicherter Energie und eintreffender Leistung ist.

$$\tau_{group} = \frac{(W_e + W_m)}{P} = \frac{W_{total}}{P} \qquad (2.2\text{-}10)$$

In der Gleichung (2.2-10) steht W_e für die elektrische Energie, die in dem System gespeichert ist, W_m ist die gespeicherte magnetische Energie und P ist die Leistung des einfallenden Lichts. W_{total} beschreibt somit die gesamte im System gespeicherte Energie.

Die Gleichungen (2.2-11) und (2.2-12) zeigen den Zusammenhang zwischen der gespeicherten elektromagnetischen Gesamtenergie W_{total} und der durchschnittlichen elektromagnetischen Energiedichte $w_{avg}(z)$, sowie der senkrecht auftreffenden Strahlintensität $I_\perp$ und der eintreffenden Leistung pro Einheitsfläche $A_{x,y}$ an der Oberfläche des Dünnschichtfilters.

$$W_{total} = A_{xy} \int_0^{d_f} w_{avg}(z)dz \qquad (2.2\text{-}11)$$

$$P = A_{xy} I_{\perp,inc} \qquad (2.2\text{-}12)$$

Die Materialdispersion wird als vernachlässigbar gering angenommen. $w_{avg}(z)$ und $I_{\perp,inc}$ ergeben sich aus der Berechnung der Transfermatrix für das System [37].

Damit kann die Gruppenlaufzeit aus dem elektrischen Feld innerhalb des Dünnschichtfilters für p- (bzw. TM) und s- (bzw. TE) polarisiertes Licht berechnet werden (2.2-13) und (2.2-14).

$$\tau_{group,TM} = \frac{\int_0^{d_f} \frac{1}{2}\frac{n_i{}^2\varepsilon_0}{\cos(\theta_i)^2}\left|\left\{E_{x,f,i}e^{[-jk_{z,i}\langle z-z_i\rangle]} - E_{x,b,i}e^{[jk_{z,i}\langle z-z_i\rangle]}\right\}\right|^2 dz}{\frac{1}{2}\frac{\left|E_{f,x,0}\right|^2 n_{inc}}{\cos(\theta_{inc})\,Z_0}}$$

$$(2.2\text{-}13)$$

$$\tau_{group,TE} = \frac{\int_0^{d_f} \frac{1}{2}\, n_i{}^2\varepsilon_0\left|\left\{E_{y,f,i}e^{[-jk_{z,i}\langle z-z_i\rangle]} + E_{y,b,i}e^{[jk_{z,i}\langle z-z_i\rangle]}\right\}\right|^2 dz}{\frac{1}{2}\frac{\left|E_{f,y,0}\right|^2 n_{inc}\cos(\theta_{inc})}{Z_0}}$$

$$(2.2\text{-}14)$$

In den Gleichungen (2.2-13) und (2.2-14) stehen $E_{x,f,i}$, $E_{x,b,i}$, $E_{y,f,i}$ und $E_{y,b,i}$ für die vorwärts (engl. forward = „f") und rückwärts (engl. backward = „b") propagierenden Komponenten des elektrischen Felds entlang der Grenzflächen an der jeweiligen Position z_i. n_i steht für den Brechungsindex und θ_i für den Propagationswinkel an der Position z_i, n_{inc} ist der Brechungsindex und θ_{inc} ist der Propagationswinkel des an den Dünnschichtfilter grenzenden Mediums bzw. des Substrats. Z_0 ist die Vakuumimpedanz von 377 Ω. Die obigen Zusammenhänge gelten für verlustlose Strukturen ohne Transmission, sie können allerdings auch als gute Näherung für Strukturen verwendet werden, die geringe Transmission oder Absorption aufweisen. Sind die verwendeten Strukturen verlustbehaftet, so geben obige Formeln eine obere Grenze für die Gruppenlaufzeit τ_{group} an. Aus der Gruppenlaufzeit kann mit (2.2-6) die zu erwartende Verschiebung s_x berechnet werden.

2.3 RAHMENBEDINGUNGEN FÜR DAS FILTERDESIGN

Im Rahmen dieser Arbeit stand ein Programm zur Verfügung, das auf Grundlage der Transfer-Matrix-Methode [9, 40-42] die Transmission und die Ablenkung durch einen Dünnschichtfilter bei gegebenem Schichtaufbau berechnen kann. Davon ausgehend liegt zudem am Lichttechnischen Institut eine Software (erstellt von Martina Gerken im Rahmen ihrer Dissertation) vor, mit deren Hilfe das Schichtdesign eines Dünnschichtfilters entsprechend der gewünschten Verschiebecharakteristik angepasst und optimiert werden kann. Beim Filterdesign müssen die technologische Herstellbarkeit des Schichtaufbaus, die Verfügbarkeit des benötigten durchstimmbaren Lasers und die designanalytischen Rahmenbedingungen [14] berücksichtigt werden. Diesbezüglich haben Gerken und Miller anhand einer Studie gezeigt, dass die erreichbare Verschiebung Δs bei einem Einfallswinkel θ und konstanter Dispersion proportional ist zu der Brechzahldifferenz Δn des verwendeten Materialsystems und der Gesamtschichtdicke d_f des Dünnschichtfilters (2.3-1) [14]. n_{avg} steht hier für die mittlere Brechzahl im Dünnschichtfilter.

$$\Delta s = \sin(\theta) \ 16 \, d_f \ \frac{\Delta n}{n_{avg}{}^2} \qquad\qquad (2.3\text{-}1)$$

Anhand des für den gewünschten Wellenlängenbereich zur Verfügung stehenden Materialsystems und der damit technologisch maximal realisierbaren Gesamtschichtdicke ergibt sich folglich die mit diesem System maximal mögliche Verschiebung. Beim konkreten Design des Dünnschichtfilters kann nun festgelegt werden, über welchen Wellenlängenabschnitt diese maximale Verschiebung erfolgen soll. Das bedeutet: je geringer der benötigte Wellenlängenabschnitt, desto höher die Verschiebung pro Nanometer Wellenlängenänderung.

2.4　FILTERDESIGN

Das Design der verwendeten hochdispersiven Dünnschichtfilter basiert auf einer Struktur aus gekoppelten Resonatoren, d.h. zwei bis vier aufeinander gestapelte Fabry-Perot-Resonatoren. Zum Entwurf dieser Resonatoren wurde ein dreistufiger Prozess implementiert: In der ersten Stufe erfolgt das Design eines Allpasses mit vorgegebenem Phasenverlauf, wobei die Anzahl der Resonatoren des Dünnfilmfilters die Ordnung des Filters vorgibt. Als nächstes werden die Reflektionseigenschaften des optimalen Filters durch einen Dünnschichtfilter nachgebildet. Zuletzt kann über eine Veränderung der Kavitäten der Resonatoren der Entwurf optimiert werden. Zur Optimierung der Dispersionscharakteristik wird eine am Lichttechnischen Institut zur Verfügung stehende Software von Martina Gerken [37] verwendet.

Erstrebenswert ist ein möglichst linearer Verlauf der Verschiebungscharakteristik, d.h. eine konstante Dispersion. Hintergrund hierfür ist, dass es bei einem nichtlinearen Verlauf zu einer Verzerrung des Fokus innerhalb des passierenden Strahls kommt, die wiederum die reale Verschiebungscharakteristik des dispersiven Dünnschichtfilters verändert und zudem die Strahlqualität hinter der Auskoppellinse beeinträchtigt [37].

Die Dünnschichtfilter sind aus 43 dielektrischen dünnen Schichten aus dem hoch brechenden Material Tantalpentoxid mit einem Brechungsindex von 2,27 (bei einer Wellenlänge von 800 nm) und dem niedrig brechenden Material Siliziumdioxid mit einem Brechungsindex von 1,48 (bei einer Wellenlänge von 800 nm) aufgebaut. Die Filter sind insgesamt 7,57 μm dick und werden auf 1 mm dicke Glassubstrate aufgebracht. Die Glassubstrate haben einen Brechungsindex von 1,52 bei einer Wellenlänge von 800 nm. Die exakten Schichtdicken und -abfolgen sind im Anhang aufgelistet.

Für die Anwendung der Dünnschichtfilter in dem Laserscanner sind vor allem zwei Filtereigenschaften von Bedeutung, die Transmission und die Strahlablenkung in Abhängigkeit von der Wellenlänge. In Abbildung 2.3 und Abbildung 2.4 sind die mit Hilfe der Simulationssoftware berechnete Transmission und die Ablenkung durch den Filter in Abhängigkeit von der Wellenlänge bei einem Einfallswinkel des Lichts von 45° aufgetragen.

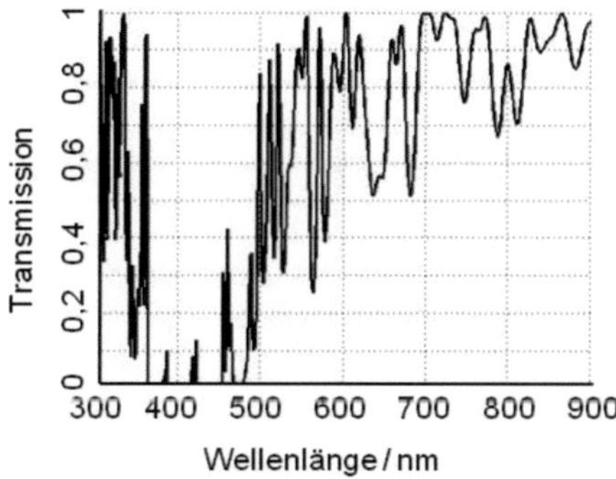

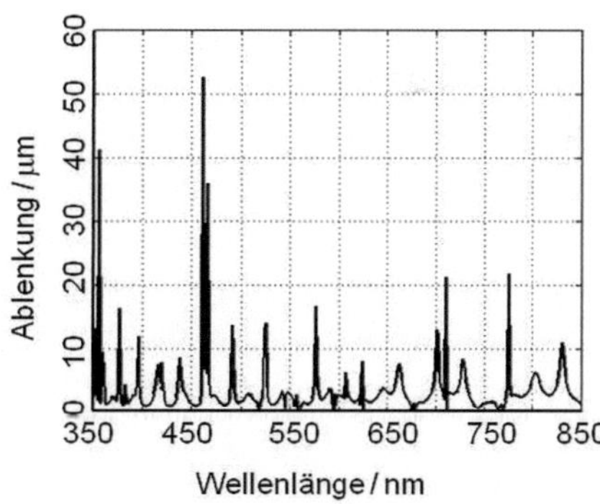

Abbildung 2.3: Transmission des Dünnschichtfilters bei Lichteinfall unter 45° in der Simulation.

Abbildung 2.4: Ablenkung des Dünnschichtfilters bei Lichteinfall unter 45° in der Simulation.

Wie aus der Transmissionskurve ersichtlich ist, liegt das Stoppband des Filters im Bereich zwischen 375 nm und 500 nm. Die Spitzen der Transmissionskurve in diesem Bereich zeigen die Resonanzen des Filters, die trotz des Stoppbands zu einer Erhöhung der Transmission führen. Die Dispersion des Dünnschichtfilters bewirkt eine Ablenkung in der Größenordnung von s = 10 μm pro Reflektion zwischen dem Austrittsort der Wellenlänge λ_1 und der Wellenlänge λ_2. Durch die Anzahl N der Reflektionen an der Rückseite der Probe vervielfacht sich die Ablenkung durch den Dünnschichtfilter zu $\Delta s_N = N \cdot s$ (Abbildung 2.5). Wird der Dünnschichtfilter daher in einem Wellenlängenbereich abseits des Stoppbands eingesetzt, so muss die Reflektivität bei diesem Filterdesign durch zusätzliches Aufdampfen einer Metallschicht, z.B. aus Silber, erhöht werden. Dadurch werden die Leistungsverluste durch die vielfachen Reflektionen am Dünnschichtfilter beim Betrieb des Laserscanners minimiert.

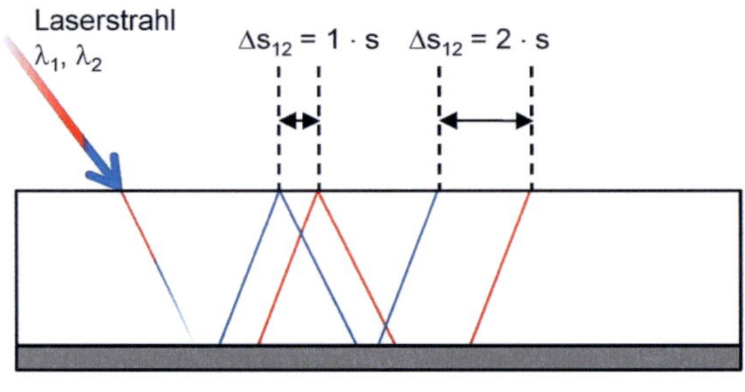

Abbildung 2.5: Vervielfachung der Gesamtablenkung durch die Anzahl der Reflektionen an der Probenrückseite.

Je nach gewähltem Wellenlängenabschnitt sind nun beim Verstimmen des Lasers um einige Nanometer unterschiedliche Ablenkungscharakteristiken realisierbar. So wird bei 395 nm - 404 nm beispielsweise eine lineare Ablenkung von 12 μm und bei 405 nm - 415 nm, sowie 430 nm - 438 nm eine Ablenkung um 8 μm erreicht (Abbildung 2.6). Abbildung 2.7 zeigt die Ablenkung im Bereich von 700 nm bis 800 nm, die durch verschiedene Messungen genauer charakterisiert wurde (3.1.4, 4.3.3). Hier bewirkt der Dünnschichtfilter z.B. zwischen 735 nm und 745 nm auch eine lineare Ablenkung von ungefähr 8 μm. Wichtig ist bei der Abstimmung des Wellenlängenbereichs, dass die Durchstimmbarkeit des verwendeten Lasers inklusive der ggf. vorliegenden Leistungsschwankungen berücksichtigt wird. Idealerweise ist die Laserleistung innerhalb des verwendeten Wellenlängenausschnitts konstant. Eine Leistungsschwankung könnte die Funktionalität des angestrebten optischen Systems beeinträchtigen bzw. das Systemdesign deutlich erschweren.

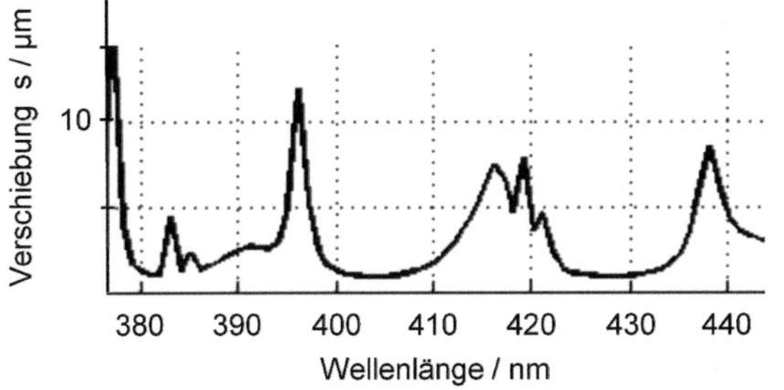 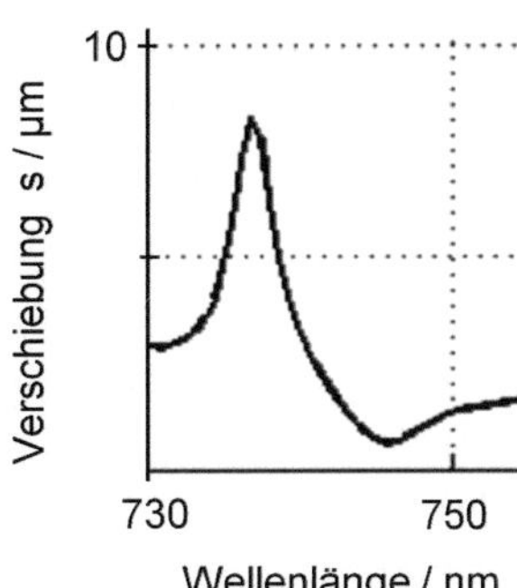

Abbildung 2.6: Ablenkungscharakteristik des Dünnschichtfilters im Bereich um 400 nm bei einem Einfallswinkel von 45° in der Simulation.

Abbildung 2.7: Ablenkungscharakteristik des Dünnschichtfilters im Bereich um 800 nm bei einem Einfallswinkel von 45° in der Simulation.

Es ist auch der Entwurf eines Filterdesigns mit Stoppband im Wellenlängenbereich um 800 nm mit dem oben beschriebenen Vorgehen möglich. Allerdings ergeben sich hierfür Gesamtschichtdicken von mindestens 15 μm, die bisher nicht erfolgreich hergestellt werden können.

Das Filterdesign für den Laserscanner und das DünnschichtMinispektrometer wurde so aufeinander abgestimmt, dass dasselbe Design verwendet werden konnte.

2.5 HERSTELLUNG

Die Technologie zur präzisen Herstellung von dielektrischen Dünnschichtfiltern ist auf Grund der industriellen Fertigung insbesondere von dielektrischen Spiegeln für die Lasertechnik bekannt. Im Rahmen dieser Arbeit wurden am Lichttechnischen Institut und bei der Firma LASEROPTIK GmbH (Garbsen, Deutschland) hergestellte Dünnschichtfilter benutzt, wobei ein Elektronenstrahl-Aufdampfverfahren und ein Sputterverfahren zum Einsatz kamen. Bei beiden Verfahren wird das zu bedampfende Substrat in einen Rezipienten eingebaut, der unter Hochvakuum steht. In ca. 30 cm Entfernung von dem Substrat befindet sich die Quelle mit dem Material, aus dem eine Dünnschicht auf das Substrat aufgebracht werden soll.

Das Elektronenstrahl-Aufdampfverfahren ist ein thermisches Aufdampfen, d.h. ein Elektronenstrahl wird mittels eines regelbaren Magnetfelds auf die Quelle gelenkt und bewirkt ein Schmelzen des Aufdampfmaterials. In Folge dampfen feinste Partikel dieses Materials auf das Substrat. Die

Hochvakuum-Atmosphäre im Rezipienten ermöglicht, dass diese feinsten Partikel zum Substrat gelangen können, dort kondensieren und eine Dünnschicht bilden.

Beim Sputterverfahren wird Gas, z.B. Stickstoff oder Argon in den Hochvakuumrezipienten geleitet. Dann legt man Spannung zwischen Substrat und Quellenmaterial an. Das Gas wird ionisiert, die geladenen Ionen prasseln, beschleunigt von der angelegten Spannung, auf das Quellenmaterial und schlagen dort kleinste Partikel aus. Diese diffundieren bzw. werden in Richtung des Substrats beschleunigt, falls sie geladen sind. Die Partikel kondensieren und bilden eine Dünnschicht auf dem Substrat.

Die Dünnschichtfilter bestehen jeweils aus dem optisch niedrigbrechenden Dielektrikum Siliziumdioxid und dem optisch hochbrechenden Dielektrikum Tantalpentoxid. Die Brechzahlen dieser Materialien variieren in Abhängigkeit von der Herstellungsmethode [43]. Die individuelle Brechzahlcharakteristik der verwendeten Beschichtungsanlage muss daher für jedes einzelne Material vor der Erstellung eines endgültigen Filterdesigns bestimmt und bei der Designoptimierung berücksichtigt werden. Eine hohe Präzision bezüglich der Brechzahl und Dicke der einzelnen Dünnschichten bildet die Voraussetzung für die Realisierung von dispersiven Dünnschichtfiltern. Um diese zu gewährleisten wurde im Rahmen dieser Arbeit ein optisches insitu-Breitbandmonitoring installiert, welches die Schichteigenschaften bereits während der Herstellung kontrolliert. Trotz des Monitoringsystems können die Schichtdicken jedoch lokal auf einer flächigen Probe leicht variieren.

Folge von Schichtdickenabweichungen

Um die Dispersion des hergestellten Filters wie in der Simulation berechnet zu erreichen, müssen die Schichtdicken bei der Herstellung sehr exakt getroffen werden. Bei den Resonatorschichtdicken bewirkt bereits eine Schichtdickenabweichung von ±1 % eine deutliche Veränderung der Dispersionscharakteristik. Abbildung 2.8 zeigt anhand von simulierten Dispersionskurven wie stark sich die Verschiebungscharakteristik ändert, wenn bei dem Design aus vier Resonatoren nur eine Resonatorschichtdicke um 1 % vom Sollwert abweicht. In schwarz ist eine Referenzkurve für den Sollverlauf der Verschiebung eingezeichnet. Die gestrichelt eingezeichneten Kurven zeigen die resultierende Verschiebung bei Variation der Schichtdicke des dritten und vierten Resonators. Die größte Verschiebung pro Wellenlängenabschnitt weist die dunkelblaue Kurve auf. Hier wurde der dritte Resonator mit $d_3 = d_{soll} \cdot 0{,}99$ dünner als der Sollwert angesetzt. Etwas flacher, aber immer noch steiler als die Sollkurve verläuft die hellblaue Kurve – in diesem Fall wurde der vierte Resonator mit

$d_4 = d_{soll} \cdot 1{,}01$ als zu dick angenommen. Flachere Verschiebungskurven ergeben sich, wenn der vierte Resonator mit $d_4 = d_{soll} \cdot 1{,}01$ (beige Kurve) oder der dritte Resonator mit $d_3 = d_{soll} \cdot 1{,}01$ zu dick ist.

Analog zeigt Abbildung 2.9, wie sich die Verschiebung ändert, wenn alle vier Resonatorschichten um 1 % vom Sollwert abweichen. Nimmt man in der Simulation an, dass alle vier Resonatorschichtdicken mit $d_{1,2,3,4} = d_{soll} \cdot 0{,}99$ zu dünn hergestellt wurden, ist die Verschiebungskurve nicht mehr monoton steigend. Werden die vier Resonatorschichtdicken mit $d_{1,2,3,4} = d_{soll} \cdot 1{,}01$ zu dick, so ergibt sich in der Simulation eine deutlich flachere Verschiebungskurve im Vergleich zum Sollverlauf.

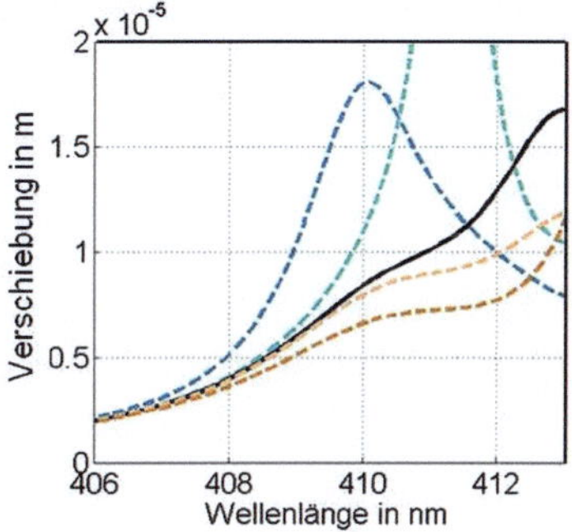

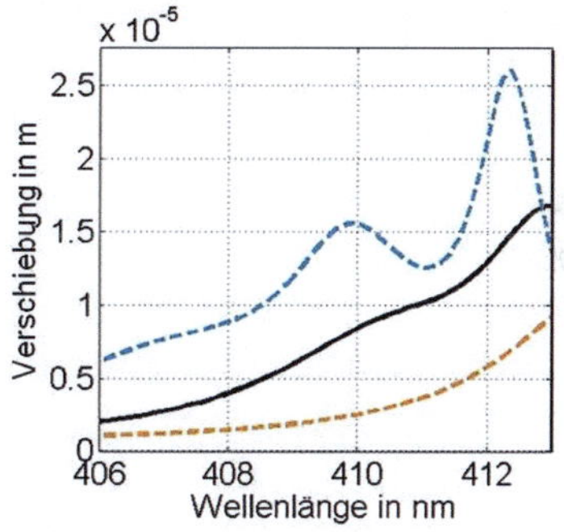

Abbildung 2.8: Simulierter Sollverlauf der Verschiebungscharakteristik (schwarz) in Gegenüberstellung mit simulierten Verschiebungskurven von Bauteilen mit Schichtdickenabweichung. Blaue Kurven: Schichtdicke des dritten bzw. vierten Resonators wird in der Simulation mit $d = d_{soll} \cdot 0{,}99$ zu gering angenommen. Braune Kurven: Schichtdicke des dritten bzw. vierten Resonators wird in der Simulation mit $d = d_{soll} \cdot 1{,}01$ höher als der Sollwert angesetzt.

Abbildung 2.9: Simulierter Sollverlauf der Verschiebungscharakteristik (schwarz) und simulierter Verlauf der Verschiebung, wenn die Schichtdicke aller Resonatoren mit $d_{1,2,3,4} = d_{soll} \cdot 0{,}99$ zu gering (blau) oder mit $d_{1,2,3,4} = d_{soll} \cdot 1{,}01$ zu hoch (braun) angenommen wird.

Die möglichen Änderungen der Verschiebung durch geringe Abweichung der Resonatorschichtdicken bei der Herstellung sind folglich vielfältig: Für einen kleinen Wellenlängenbereich kann die Verschiebung dadurch erhöht werden. Allerdings nimmt sie auch nach einigen Nanometern Wellenlänge wieder ab. Genauso ist eine Abflachung der Verschiebungskurve möglich. Die dargestellten Beispiele machen deutlich, dass eine exakte Schichtdickenkontrolle bei der Herstellung des Dünnschichtfilters unerlässlich ist.

Aufbau eines optischen insitu-Monitorings

Um eine präzise Herstellung von dünnen dielektrischen Schichten zu gewährleisten wurde für die Verwendung am Lichttechnischen Institut ein
optisches Monitoringsystem entwickelt und aufgebaut, das die Schichtdicke der aufgedampften Dielektrika insitu, d.h. während dem Aufdampfprozess protokolliert. Während des Aufdampfens der Schichten wird damit in regelmäßigen Zeitabständen das Transmissionsspektrum der Probe aufgenommen und mit dem errechneten Soll-Spektrum der gewünschten Schichtstruktur verglichen. Bei der Erstellung des Soll-Spektrums ist
die Berücksichtigung des individuellen Brechungsindexprofils, das bei
den verwendeten Prozessparametern für die verwendeten Materialien zu
erwarten ist, besonders hervorzuheben. Stimmen errechnetes Soll-
Spektrum und gemessenes Spektrum überein, wird die Bedampfung
durch Schließen des Shutters vor der Probe beendet.

Abbildung 2.10 zeigt den schematischen Aufbau des Monitoringsystems.
Ausgangspunkt des optischen Monitorings ist das Weißlicht einer Halogenlampe, das in eine Glasfaser eingekoppelt wird. Die Glasfaser gelangt
über eine Vakuum-Durchführung in den Rezipienten der Anlage und rich-
tet den eingekoppelten Lichtstrahl unter einem Winkel von 45° auf die
Rückseite der Probe. Das Licht durchläuft die Probe und wird dahinter
wieder von einer Glasfaser eingesammelt. Diese führt das Licht wieder
aus der Anlage heraus und in das Spektrometer hinein, welches das
Spektrum des detektierten Lichtes aufnimmt.

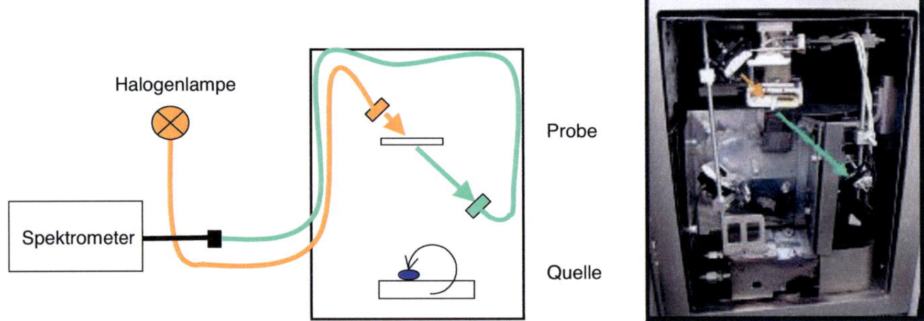

Abbildung 2.10: Schemazeichung und Foto des implementierten optischen insitu-
Monitoringsystems.

Die Darstellung der aufgenommenen Spektren und die Ansteuerung des
Spektrometers erfolgt über einen Computer. Die Einkopplung des Lichts
der Halogenlampe in die Glasfaser wurde durch den Einsatz passender
Linsen erreicht. Da die Extrema im Transmissionsspektrum bei TE-

polarisiertem Licht besser zu erkennen sind, wurde außerdem ein Polarisationsfilter eingebaut, der im Idealfall nur TE-polarisiertes Licht passieren lässt. Maxima und Minima von Referenz- und Sollkurve werden so lange verglichen, bis eine maximale Übereinstimmung erreicht wird. Ist diese erreicht, wird der Shutter über der aktiven Quelle geschlossen und damit der Aufdampfvorgang der aktuellen Schicht beendet. Der Materialrevolver wird dann auf das Material für die nächste Schicht gedreht, das nächste Referenzspektrum errechnet und dann wird der Shutter wieder geöffnet um die folgende Schicht aufzudampfen. Auf diese Weise werden alle einzelnen Schichten nacheinander aufgebracht und anhand der berechneten Transmissionsspektren dimensioniert. Abbildung 2.11 zeigt beispielhaft, dass das gemessene Transmissionsspektrum sehr gut mit dem simulierten Spektrum übereinstimmt. Die zusätzlich eingefügten Fotografien veranschaulichen, wie sich das Transmissionsspektrum dieser Probe mit dem Einfallswinkel des Lichts ändert.

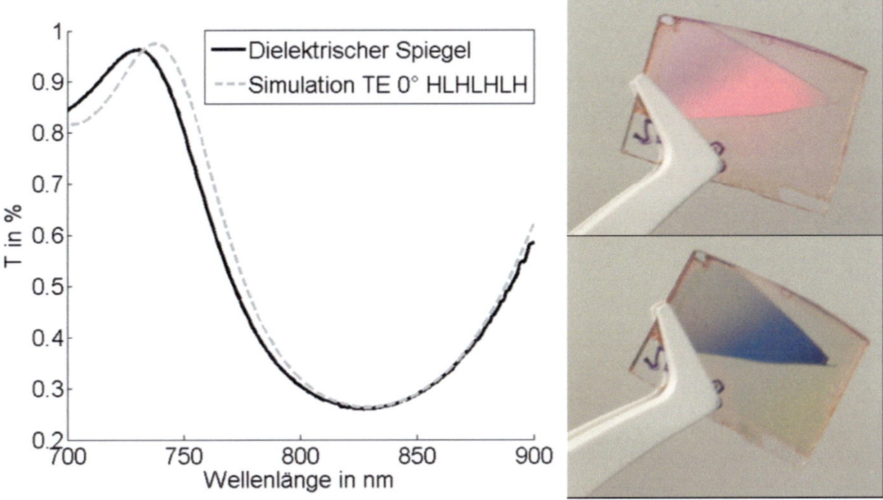

Abbildung 2.11: Transmission eines Dünnschichtfilters aus 7 Schichten; zwei Fotografien des Dünnschichtfilters - aufgenommen unter unterschiedlichen Winkeln – und die gemessene sowie die simulierte Transmissionskurve über der Wellenlänge derselben Probe.

Ursachen für eine Verschiebung des Dispersionsprofils

Die Arbeit mit einem optischen Monitoringsystem ermöglicht eine sehr hohe Präzision bei der Schichtherstellung. Dennoch kann die optimale Präzision nur über den sehr geringen Flächenbereich erreicht werden, der von dem Monitoringstrahl durchlaufen wird. Bedingt durch die Anlagengeometrie weichen die Schichtdicken abseits des Monitoringstrahls leicht von den Soll-Schichtdicken ab. Das führt dazu, dass das angestrebte Dispersionsprofil sich wenige Zentimeter vom Monitoringort entfernt im Wellenlängenbereich um ca. ± 5 nm verschiebt. Diese Verschiebung kann allerdings durch Nachjustage des im Rahmen dieser Arbeit verwendeten verstimmbaren Titan-Saphir-Lasers kompensiert werden. Ist eine leichte Verschiebung des Wellenlängenbereichs auf Grund der angestrebten Anwendung nicht möglich, dann sollte das bereits beim Filterdesign berücksichtigt werden. Die ausschließliche Verwendung des durch optisches Monitoring überwachten Dünnschichtfilterausschnitts ermöglicht bei der Herstellung ein exaktes Erreichen des angestrebten Dispersionsprofils.

Berücksichtigung der Substrattemperatur

Zu berücksichtigen ist auch, dass sich bei einem ggf. auftretenden Aufheizen der Probe während des Aufdampfens der Dielektrika mit zunehmender Schichtdicke der Brechungsindex erhöht.

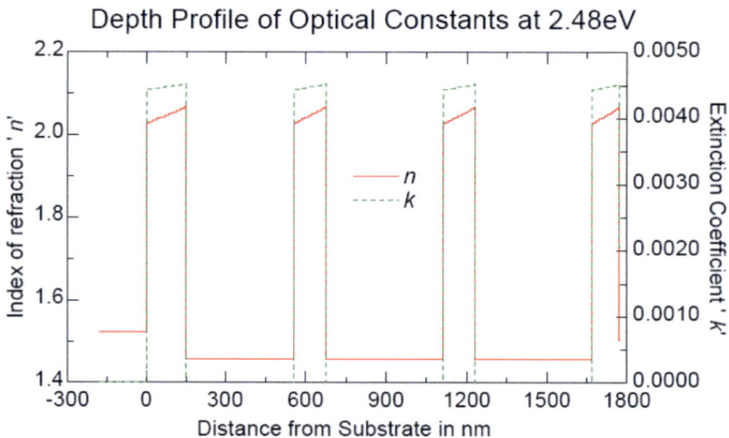

Abbildung 2.12: Verlaufskurve der Brechungsindexkomponenten n und k über der Schichtdicke des betrachteten Dünnschichtfilters.

Deutlich ist dies in Abbildung 2.12 an einem beispielhaften Dünnschichtfilter, der mit Elektronenstrahlverdampfen ohne Substratheizung oder -kühlung aufgebracht wurde, zu sehen. Die dargestellten Verlaufskurven des Brechungsindexes ergeben sich aus einer Rückrechnung ausgehend von der Ellipsometermessung eines Dünnschichtfilters, der aus Einzelschichten bekannter Schichtdicke gefertigt wurde. Die Auswertung zeigt einen konstanten Verlauf der Brechzahl der SiO_2-Schichten. Die Brechzahl n der Ta_2O_5-Schichten steigt hingegen mit der aufgedampften Schichtdicke der jeweiligen Einzelschicht, da sich hierbei offensichtlich die Probe während des Aufdampfens der Einzelschicht zunehmend aufheizt.

Mechanische Spannungen bei hohen Schichtdicken von Dünnschichtfiltern

Bei großen Schichtdicken werden die mechanischen Spannungen im Dünnschichtfilter unkontrollierbar. Die maximale Gesamtschichtdicke des Dünnschichtfilters ist daher abhängig vom gewählten Materialsystem.

Die eigenen Herstellungsmöglichkeiten erwiesen sich jedoch als zu aufwendig. Das Monitoringsystem arbeitet nur für eine relativ geringe Fläche zuverlässig präzise, so dass nicht mehrere Proben gleichzeitig hergestellt werden konnten. Angesichts der langen Herstellungsdauer für einen Dünnschichtfilter erwies es sich als sinnvoller, die Fertigung einer größeren Anzahl gleichartiger Dünnschichtfilter außer Haus durchführen zu lassen.

2.6 HYBRID-DÜNNSCHICHTFILTER

Integriert man in den dispersiven Dünnschichtfilter organische Schichten, dann ist es bei entsprechendem Design theoretisch möglich die Dispersion des Filters aktiv zu steuern. Die Brechzahl der integrierten organischen Schichten hängt z.B. von der Temperatur, der angelegten Spannung oder der Leistung eines optischen Pumpstrahls ab. Das Verschiebungsprofil kann damit dynamisch verändert werden, d.h. die Austrittsposition des einfallenden Laserstrahls wird verstellt, ohne dass eine Variation der Wellenlänge notwendig ist.

Abbildung 2.13 zeigt exemplarisch das Funktionsprinzip bei Verwendung von nichtlinearen optischen Schichten aus organischem Material innerhalb des Dünnschichtfilters. Trifft z.B. ein Pumpstrahl auf den Dünnschichtfilter, so wird die Austrittsposition des Signal-Laserstrahls parallel zur Dünnschichtoberfläche verschoben. Die Größe der Verschiebung Δs des Signal-Laserstrahls hängt sowohl von der Intensität des Pumpstrahls als auch von der Konfiguration des Dünnschichtfilters [84] und den Eigenschaften der eingebetteten organischen Schicht ab [44]. Das Verstellen der Austrittsposition eines Signalstrahls durch einen Pumpstrahl ist potenziell innerhalb von Nanosekunden möglich [81,82]. Die potenzielle Veränderung der Austrittsposition durch Variation der angelegten Spannung [45] oder der Bauteiltemperatur ist im Vergleich deutlich langsamer.

Mit diesen Ansätzen wäre der Betrieb des oben vorgestellten neuartigen Laserscanners (1.2) ohne Variation der Emissionswellenlänge denkbar.

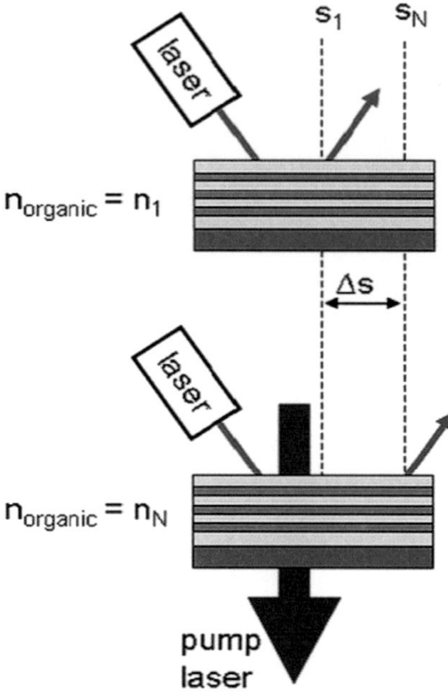

Abbildung 2.13: Wird ein Pumpstrahl auf die Probe gerichtet, ändert sich der Brechungsindex der eingebetteten organischen Schichten von n_1 nach n_N. Dadurch verschiebt sich die Austrittsposition des Laserstrahls von s_1 nach s_N.

Bei dem Minispektrometer könnte die Dispersion aktiv geregelt werden. Es ist jedoch zu berücksichtigen, dass bei der Herstellung von hybriden Dünnschichtsystemen aus Organika und Dielektrika verschiedene Faktoren die Qualität der Hybrid-Dünnschichten gefährden:

- Die hohe Substrattemperatur beim Aufbringen der Dielektrika

- Die unterschiedlichen thermischen Ausdehnungskoeffizienten von Organika und Dielektrika

- Hochenergetische Partikel, die während der Deposition der Schichten auf das Substrat treffen

- Strahlung direkt von der Elektronenstrahlquelle, die zum Aufdampfen der Dielektrika verwendet wird.

Um den Einfluss der einzelnen Faktoren zu bewerten und erfolgreiche Strategien zur Herstellung von Hybrid-Dünnschichten zu entwickeln, wurden Referenzhybridsysteme untersucht [46].

Abschnitt 2.6.1 stellt die untersuchten Hybrid-Dünnschichtsysteme vor und Abschnitt 2.6.2 erläutert die Ergebnisse der Untersuchungen an diesen Systemen. Abschließend werden in Abschnitt 2.6.3 Rückschlüsse aus den Ergebnissen für eine erfolgreiche Realisierung von Hybrid-Dünnschichtfiltern gezogen. Abschnitt 2.6.4 stellt einen erfolgreich hergestellten speziellen dispersiven Hybrid-Dünnschichtfilter vor. Die Eignung von Hybrid-Dünnschichtfiltern zur Integration in dem neuartigen Laserscanner (1.2) bzw. dem neuartigen Minispektrometer auf Dünnschichtbasis (1.3) wird in 2.7 kritisch hinterfragt.

2.6.1 AUFBAU DER UNTERSUCHTEN HYBRID-DÜNNSCHICHTEN

Um den Herstellungsprozess von Hybrid-Dünnschichten aus Dielektrika und Organika zu untersuchen wurden 26 Referenzsysteme gefertigt und analysiert. Die Dielektrika Tantalpentoxid (Ta_2O_5) bzw. Siliziumdioxid (SiO_2) wurde jeweils mit Dünnschichten aus Polystyrol (PS) bzw. PMMA kombiniert. Zunächst wurde eine Polymerschicht der Dicke d_{poly} auf ein Glassubstrat aufgeschleudert und anschließend eine dielektrische Schicht der Dicke d_{diel} durch Elektronenstrahlverdampfen aufgebracht. Beide Organika können als Matrixmaterial („host material") für nichtlineare, organische Materialien verwendet werden. Lin et al. [47] haben Nichtlinearitäten dritter Ordnung in PMMA:MEH-PPV gezeigt, die einem Kerrkoeffizienten von $n_2 = (2,1\pm0,2)\cdot10^{13}$ cm²/W entsprechen. Demnach wäre PMMA ein geeignetes Matrixmaterial, um eine Veränderung der Laserstrahl-Austrittsposition durch optisches Pumpen zu erreichen. Da jedoch erste Experimente zeigten, dass PMMA in Hybridschichten sehr stark zur Bildung von Rissen neigt, wurden die weiteren Untersuchungen unter Verwendung des Matrixmaterials PS vorgenommen. Bezüglich der dielektrischen Materialien wurde zunächst Ta_2O_5 bevorzugt, da damit ein hoher Brechungsindexkontrast gegenüber der Organikschicht erzielt wird. Dennoch wurden auch Untersuchungen unter Verwendung von SiO_2 durchgeführt. Nach dem Aufdampfen der dielektrischen Schicht wurden die Vakuumpumpen des Rezipienten abgestellt. Dann wurde der Rezipient entweder direkt mit Stickstoff geflutet oder die Proben wurden 20 Stunden ungestört im Rezipienten belassen, so dass sie langsam abkühlen und sich dem Raumdruck anpassen konnten. Tabelle 1 fasst alle relevanten Herstellungsparameter zusammen und erwähnt, ob eine Rissbildung im Lichtmikroskop zu beobachten war oder nicht.

	Polymer	d_{poly} [nm]	Dielektrikum	d_{diel} [nm]	$P_{electron\ beam}$ [W]	Verlängerte Abkühlzeit*	Risse**
1	PS	60	Ta_2O_5	270	640	Nein	Ja
2	PS	100	Ta_2O_5	270	640	Nein	Ja
3	PS	300	Ta_2O_5	270	640	Nein	Ja
4	PMMA	50	Ta_2O_5	270	640	Nein	Ja
5	PS	60	Ta_2O_5	320	670	Nein	Ja
6	PS	100	Ta_2O_5	320	670	Nein	Ja
7	PS	300	Ta_2O_5	320	670	Nein	Ja
8	PMMA	50	Ta_2O_5	320	670	Nein	Ja
9	PS	60	Ta_2O_5	320	670	Nein	Ja
10	PS	100	Ta_2O_5	320	670	Nein	Ja
11	PS	300	Ta_2O_5	320	670	Nein	Ja
12	PS	300	Ta_2O_5	320	670	Nein	Ja
13	PMMA	50	Ta_2O_5	320	670	Nein	Ja
14	PS	60	Ta_2O_5	330	650	Ja	Ja
15	PS	100	Ta_2O_5	330	650	Ja	Ja
16	PS	300	Ta_2O_5	330	650	Ja	Ja
17	PS	300	Ta_2O_5	330	650	Ja	Ja
18	PMMA	50	Ta_2O_5	330	650	Ja	Ja

19	PS:MEH-PPV	60	Ta_2O_5	340	460	Ja	Nein
20	PMMA:MEH-PPV	50	Ta_2O_5	340	460	Ja	Ja
21	PS	60	Ta_2O_5	360	590	Nein	Ja
22	PMMA	50	Ta_2O_5	360	590	Nein	Ja
23	PS:MEH-PPV	60	SiO_2	100	150	Nein	Nein
24	PMMA:MEH-PPV	50	SiO_2	100	150	Nein	Nein
25	PS:MEH-PPV	60	SiO_2	400	160	Nein	Nein
26	PS:MEH-PPV	60	SiO_2	400	160	Nein	Nein

Tabelle 1: Liste der untersuchten Hybrid-Dünnschichtproben. (*Belüftung des Rezipienten mit Stickstoff etwa 20 Std. nach dem Ende des Aufdampfprozesses. **„nein", d.h. mit dem Lichtmikroskop sind keine Risse erkennbar; „ja", d.h. es sind Risse in der Lichtmikroskopaufnahme zu sehen.)

2.6.2 EINFLUSS DER HERSTELLUNGSPARAMETER

Das Kernproblem bei der Kombination von Dünnschichten aus Organik bzw. Polymeren und Dielektrika ist, dass sich das Substrat während des Aufdampfens des Dielektrikums erwärmt. Grund dafür ist die Wärme strahlung der Elektronenstrahlquelle und die kinetische Energie der aufgedampften Partikel. Das bedeutet, dass die Polymerschicht sich während des Aufdampfprozesses entsprechend ihres thermischen Ausdehnungskoeffizienten ausdehnt (die thermischen Ausdehnungskoeffizienten von PMMA und PS betragen ca. $80 \cdot 10^{-6}$ 1/K (http://www.kern-gmbh.de, 2007). Gleichzeitig setzt sich das Dielektrikum auf der Polymerschicht ab. Im Anschluss kühlt die gesamte Probe ab auf Raumtemperatur. Der thermische Ausdehnungskoeffizient der Dielektrika Ta_2O_5 und SiO_2 liegt um etwa einen Faktor 30 bzw. 160 (thermische Ausdehnungskoeffizienten von Ta_2O_5 und SiO_2: $2,42 \cdot 10^{-6}$ 1/K (http://www.ligo.caltech.edu/, 2007) und $0{,}5 \cdot 10^{-6}$ 1/K [48] niedriger als derjenige der Polymere PMMA und PS. Dieser Unterschied führt dazu, dass mechanische Spannungen zwischen der Organikschicht und der Dielektrikumschicht entstehen, wenn sich das Temperaturprofil des Dünnschichtfilters ändert.

Die Proben wurden mit Hilfe eines Lichtmikroskops optisch untersucht. Dabei stellte sich heraus, dass die meisten der Proben feine Risse auf der Oberseite der dielektrischen Schicht zeigen. Das Ziel der Parametervariation war daher einen Weg zu finden, um die Rissbildung zu vermeiden bzw. zu minimieren. Wenn unter dem Lichtmikroskop Risse an der Probenoberfläche zu sehen waren, so ist dies in der letzten Spalte von Tabelle 1 vermerkt. In der folgenden Diskussion der Ergebnisse werden exemplarisch Proben gezeigt, die jeweils eine charakteristische Rissbildung aufweisen. Der helle Rahmen, der in allen Lichtmikroskopaufnahmen zu sehen ist stammt von dem Metallhalter, auf dem die Proben jeweils positioniert wurden. Die im Bild dunkler als der Rahmen erscheinende Aussparung ist 1 mm breit und dient damit als Maßstab für die Skalierung der Aufnahmen. Der Einfluss der einzelnen Herstellungsparameter bezüglich der Rissbildung in den Hybridschichten wird analysiert.

2.6.2.1 VARIATION DER DICKE DER POLYMERSCHICHT

Es wurden Proben mit drei verschiedenen Schichtdicken der Polystyrolschicht untersucht: 60, 100 und 300 nm. Auf die aufgeschleuderten Polystyrolschichten wurde jeweils eine Schicht Tantalpentoxid bzw. Siliziumdioxid aufgedampft.

Je dicker die Polystyrolschicht ist desto eher ist zu erwarten, dass die Hybridschicht aus Polystyrol und Dielektrikum Risse bildet. Grund dafür ist, dass sich bei einer höheren Schichtdicke ein größeres Volumen von Polystyrol bei Erwärmung der Probe ausdehnt und damit auch die dielektrische Schicht mit einer größeren Kraft auseinander gezogen wird. Die Analyse der hergestellten Proben bestätigt diese These. Die Lichtmikroskopaufnahmen zeigen, dass Proben mit niedrigerer Polystyrolschichtdicke eine geringere Anzahl von Rissen pro Fläche aufweisen. Es ist allerdings möglich, dass die höhere Rissdichte in den Proben mit großer Polystyrolschichtdicke nicht direkt durch die Schichtdicke verursacht wird, sondern durch die Veränderung der Lösungsmittelkonzentration in dem Aufschleuderprozess bedingt ist. Die Lösung, die bei der Herstellung hoher Schichtdicken, wie z.B. 300 nm, aufgeschleudert wird, enthält eine höhere Konzentration an Polystyrol. Mit der Polymerkonzentration im Lösungsmittel steigt jedoch die Wahrscheinlichkeit, dass die Polymermoleküle in der Lösung aggregieren und so genannte "Agglomerate" bilden.

Der Einfluss solcher "Störstellen" wird im entsprechenden Abschnitt genauer erläutert.

Auf den Proben mit einer Polystyrolschicht der Dicke 300 nm sind mit dem Lichtmikroskop eindeutig Risse zu sehen. Auf den Proben mit 60 nm Polystyrol sind zunächst keine Risse zu erkennen, erst nach elektronischer Bearbeitung des Kontrasts in den Lichtmikroskopaufnahmen werden auf diesen Proben feine Risse sichtbar. Diese Beobachtung legt nahe, dass die Risse in den Proben mit dicker Polystyrolschicht tiefer und breiter sind als die Risse in den Proben mit dünner Polystyrolschicht. Die Messung verschiedener Risse mit einem Dektak Profilometer bestätigt, dass das Profil der Risse sich in Abhängigkeit von den Polystyrolschichtdicken ändert. Möglicherweise sind die Risse noch etwas tiefer als die Messungen zeigen, da man nicht hundertprozentig sicher sein kann, dass die Messspitze tatsächlich bis zum tiefsten Punkt des jeweiligen Risses vordringen kann. Dennoch ergibt sich aus den Profilometermessungen eine klare Tendenz: Je dicker die eingebettete Polystyrolschicht ist, desto tiefer sind die gemessenen Risse im Hybridschichter. Die Breite der Risse liegt für diese Proben im Bereich von 2-7 μm. Die gemessene Tiefe der Risse variiert von 5 bis 35 nm.

2.6.2.2 VARIATION DER DICKE DER SCHICHT AUS DIELEKTRIKA

Die Dicke der dielektrischen Schicht, die auf die aufgeschleuderten Polymerschichten aufgedampft wurde, wurde für Tantalpentoxid zwischen 270 und 360 nm variiert. Die Schichten aus Siliziumdioxid haben eine Dicke von 100 bis 400 nm.

Der Vergleich der Lichtmikroskopaufnahmen der verschiedenen Proben ergibt keine Anhaltspunkte dafür, dass ein Zusammenhang zwischen der Dicke der dielektrischen Schicht und der Anzahl der Risse pro Fläche besteht. Das Aufdampfen dünner dielektrischer Schichten führt nicht zwangsläufig zu rissfreien Proben und das Aufdampfen der dicksten dielektrischen Schicht – 400 nm Siliziumdioxid – ergab sogar rissfreie Proben (Proben 25 und 26). Innerhalb des untersuchten Schichtdickenbereichs hat die Schichtdicke des Dielektrikums offensichtlich keinen Einfluss auf die Wahrscheinlichkeit der Rissbildung in den Hybridschichten.

2.6.2.3 VERMEIDUNG VON RISSBILDUNG DURCH MINIMIERUNG VON SCHWACHSTELLEN

Einige Proben, die Polystyrolschichten enthalten, zeigen eine sehr geringe Rissdichte, während andere Proben, die parallel hergestellt wurden und daher dieselben nominellen Schichtdicken haben, eine große Anzahl von Rissen pro Fläche aufweisen. Besonders der Vergleich der Proben 12 (Abbildung 2.14a) und 11 (Abbildung 2.14b) in Abbildung 2.14 legt nahe, dass noch ein weiterer Faktor die Rissbildung beeinflussen muss. Diejenigen Proben mit nur sehr wenigen Rissen haben gleichzeitig eine sehr saubere Oberfläche. Wenn jedoch bei der Herstellung der Polymerschicht nicht vermieden werden konnte, dass sich Agglomerate aus Polymermolekülen oder eine Ansammlung anderer Partikel auf der Probe bilden, dann treten bei den fertigen Proben entsprechend häufiger Risse an der Probenoberfläche auf. Aus dieser Beobachtung folgt, dass rissfreie Hybridschichten nur herstellbar sind, wenn eine saubere, glatte Polymerschicht integriert wird. Filtert man die Polymerlösung vor dem Aufschleudern durch einen Filter mit einer Porengröße von 0,2 μm, so können Polymeragglomerate in der Polymerschicht verhindert werden. Allerdings führt das Herausfiltern einer unbekannten Anzahl von Polymeragglomeraten auch dazu, dass die Konzentration des Polymers in der Lösung verändert wird. Dieses hat zur Folge, dass sich die aus den Aufschleuderparametern resultierende Schichtdicke ändert. Folglich sollte die Bildung von Agglomeraten bereits beim Ansetzen der Polymerlösung soweit wie möglich verhindert werden. Auch bei der Reinigung der Substrate muss sehr sorgfältig gearbeitet werden. Jegliches Absetzen von Partikeln im Mikrometermaßstab ist zu verhindern, da dies zur Inhomogenität des Polymerdünnfilms führen würde und damit die Rissbildung begünstigt würde.

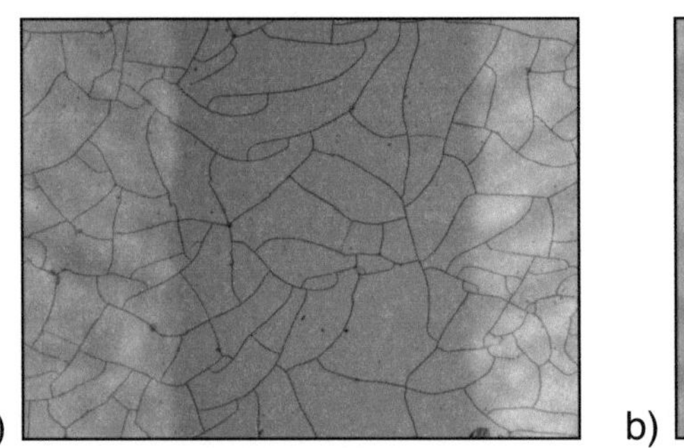
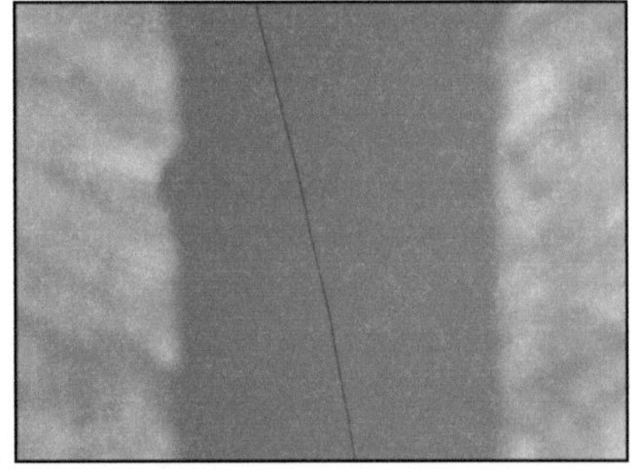

a)   b)

Abbildung 2.14: Bei PS-Proben mit hoher Partikeldichte an der Oberfläche (Probe 12) entstehen mehr Risse als bei Proben, die keine oder nur sehr wenige Partikel an der Oberfläche zeigen (Probe 11).

2.6.2.4 VERLÄNGERUNG DER ABKÜHLDAUER

Um die mechanischen Spannungen im Hybridschichter zu minimieren wurde die Abkühlzeit nach dem Aufdampfen des Dielektrikums für die hergestellten Hybridschichterproben verlängert. Während des Aufdampfens erwärmt sich die Probe. Spätestens wenn sie anschließend abkühlt, entstehen mechanische Spannungen zwischen der organischen und der dielektrischen Schicht. Ein langsames und dadurch sehr behutsames Abkühlen der Probe könnte dazu beitragen diese mechanischen Spannungen deutlich zu verringern. Diese Vorgehensweise wurde bei den Proben 14-22 angewendet. Im Anschluss an den Aufdampfprozess des Dielektrikums wurden die Vakuumpumpen ausgestellt. Der Rezipient wurde dann erst ca. 20 Stunden später mit Stickstoff belüftet. Auf diese Weise steigt der Druck im Rezipienten nur sehr langsam an. Luft gelangt zunächst nur über kleinste, natürliche Lecks der Vakuumkammer in den Rezipienten. Da die Elektronenstrahlquelle ausgestellt ist und das Dielektrikum im Materialrevolver ausgekühlt ist, erfolgt nach dem Herstellungsprozess kein weiterer Wärmetransfer zur durch das Aufdampfen aufgewärmten Probe. Die Probe kühlt erst deutlich ab, wenn der Transport von Wärme über Konvektion durch den langsam ansteigenden Raumdruck im Rezipienten wieder möglich ist. Dadurch verlängert sich die Abkühlzeit der betroffenen Proben erheblich. Für eine Probe mit einer dünnen Polystyrolschicht (Probe 19) führte dieses Vorgehen dazu, dass keine Risse auf der Probenoberfläche auftraten. Für eine Probe mit dicker Polystyrolschicht (Probe 17) wurde beobachtet, dass die Risse bereits während des Aufdampfens der Tantalpentoxidschicht auftraten und während der verlängerten Abkühlzeit erhalten blieben. Folglich müssen für Proben mit dicken Polystyrolschichten andere Faktoren wie die Vermeidung von Schwachstellen im Polymerfilm und die Elektronenstrahlleistung, die für das Temperaturprofil der Probe während des Aufdampfprozesses verantwortlich ist, berücksichtigt werden, um eine Rissbildung in den Hybridschichtern zu vermeiden.

2.6.2.5 EINFLUSS DER ELEKTRONENSTRAHLLEISTUNG

Die eingebetteten Polymerschichten haben eine niedrige Glasübergangstemperatur. Daher kann während des Aufdampfens des Dielektrikums bei der Herstellung von Hybridschichten keine Substratheizung verwendet werden. Dennoch verändert sich das Temperaturprofil der Hybridschichten beim Aufdampfen des Dielektrikums auf Grund des Energietransfers von der Quelle hin zur Probe. Die Heizwirkung der Quelle auf die Probe hängt von der Leistung ab, mit der der Elektronenstrahl betrieben wird. Wird diese Leistung sehr hoch eingestellt, beeinflusst das die Wärmestrahlung und den Wärmetransfer, der über die kinetische Energie der aufgedampften Partikel auf die Probe erfolgt.

2.6.2.6 UNTERSCHIEDE ZWISCHEN PS- UND PMMA-PROBEN

Die Polymerschicht der untersuchten Hybridproben besteht entweder aus Polystyrol oder PMMA. Vergleicht man alle für diese Untersuchung hergestellten Proben (siehe Tabelle 1), so fällt folgendes auf: Die Risse in den PMMA-Proben sind immer sehr klar in der Lichtmikroskopaufnahme zu sehen. Im Gegensatz dazu fallen die Risse in den Polystyrolproben derselben Schichtdicke sehr viel schwächer aus und sind folglich teilweise nur sehr schwer in der Lichtmikroskopaufnahme zu erkennen. Um die Risse in den Polystyrolproben zu sehen, muss genau der richtige Fokus am Lichtmikroskop eingestellt werden. Die Risse in den PMMA-Proben sind hingegen bei unterschiedlichen Fokuseinstellungen sichtbar, d.h. diese Risse sind deutlich tiefer und breiter als die Risse in den PS-Proben. Abbildung 2.15 zeigt jeweils eine typische PS- (Probe 5, a) und eine PMMA-Probe (Probe 8, b). Das Ergebnis einer entsprechenden Messung mit dem Dektak Profilometer an zwei anderen Proben mit PS- (Probe 16) bzw. PMMA (Probe 18) ist in Abbildung 2.16 zu sehen. Die zwei abgebildeten Kurven zeigen typische Rissprofile einer PS- und einer PMMA-Probe. Innerhalb der Messstrecke von 200 µm in x-Richtung beträgt die Rauigkeit der beiden Proben in etwa ± 2 nm. Die Tiefe des Risses in der PMMA-Probe liegt in der Größenordnung von 100 nm. Die darauf folgende Spitze in der Messkurve beruht auf einem Messartefakt: durch die rasche Aufwärtsbewegung der Messspitze vom Tal des Risses aus entsteht hinter der Risskante ein Überschwinger in der Messkurve.

a) 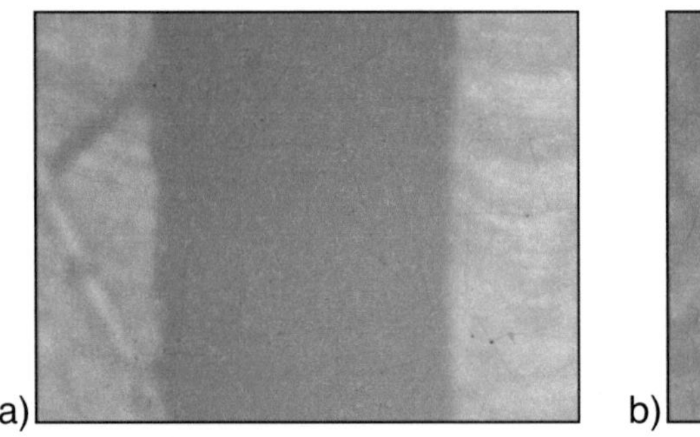 b) 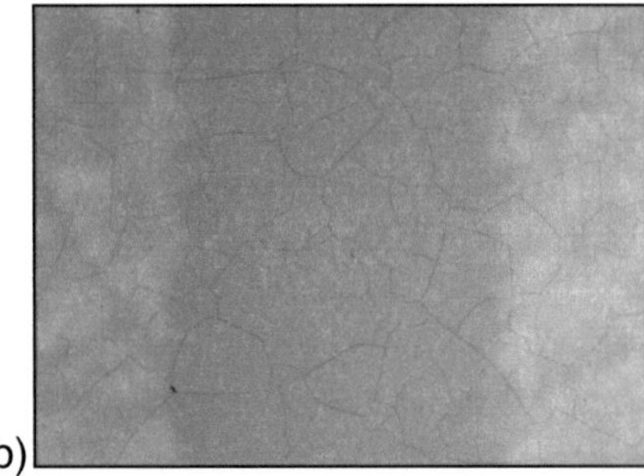

Abbildung 2.15: Unterschiedliche Rissbildung bei PS- (Probe 5, a) im Vergleich zu PMMA-Proben (Probe 8, b).

Die gemessene Tiefe des Risses in der PS-Probe beträgt nur ca. 30 nm, woraus deutlich wird, dass der Riss in der PMMA-Probe tatsächlich tiefer und breiter ist als der in der PS-Probe. Hinzu kommt, dass die Seitenwände des Risses in der PMMA-Probe deutlich steiler sind als die des Risses in der PS-Probe.

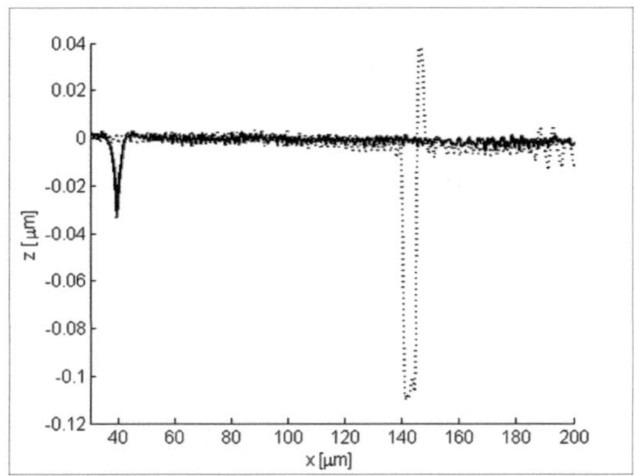

Abbildung 2.16: Profil typischer Risse in Dünnfilmen aus Ta_2O_5 und PS (16 – mit 300 nm PS, durchgezogene Linie) bzw. Ta_2O_5 und PMMA (18 – mit 50 nm PMMA, gepunktete Linie). Messung mit einem Dektak-Profilometer.

2.6.2.7 RISSFREIE PROBEN

Das primäre Ziel der Studie an den Hybridschichten war es, Mehrschichter aus Polymer und Tantalpentoxid herzustellen. Die Kombination eines Polymers mit niedrigem Brechungsindex mit einem hochbrechenden Dielektrikum ist besonders vielversprechend im Hinblick auf das Design von hochdispersiven Hybrid-Dünnschichtfiltern. Ein Hybridschichter aus einer dünnen Polystyrolschicht von 60 nm und einer Tantalpentoxidschicht von 340 nm wurde rissfrei hergestellt (Probe 19). Beim Aufschleudern des Polymers wurde darauf geachtet, dass die Schicht keine Agglomerate oder Verschmutzungen an der Oberfläche aufwies. Die Tantalpentoxidschicht wurde im Anschluss bei einer für dieses Dielektrikum relativ niedrigen Elektronenstrahlleistung von 460 W aufgedampft und nach dem Prozess sehr langsam abgekühlt. In Kombination mit einer PMMA-Schicht wurde kein Hybridschichter mit Tantalpentoxid rissfrei hergestellt. In den Proben, in denen Siliziumdioxid als Dielektrikum verwendet wurde, traten durchweg keine Risse auf, unabhängig von der Dicke der Schicht aus Siliziumdioxid. Auch die Probe mit Siliziumdioxid auf PMMA (Probe 24) wurde rissfrei hergestellt. Die Siliziumdioxidschicht wurde bei einer sehr geringen Elektronenstrahlleistung von 150-160 W aufgedampft, was auf Grund der Aufdampfeigenschaften dieses Dielektrikums möglich ist. Die Proben mit Siliziumdioxid wurden nach dem Prozess nicht extra langsam abgekühlt, sondern direkt belüftet.

2.6.3 DISKUSSION

Es wurden Strategien untersucht, wie man die Rissbildung bei der Herstellung von dispersiven Hybrid-Dünnschichtfiltern aus Polystyrol und Tantalpentoxid bzw. PMMA und Tantalpentoxid auf Glassubstraten vermeiden kann. In Folge wurden rissfreie Hybridschichter aus Polystyrol und Tantalpentoxid, Polystyrol und Siliziumdioxid als auch aus PMMA und Siliziumdioxid auf Glassubstraten hergestellt.

Ähnliche Untersuchungen wie in dieser Arbeit wurden u. a. von K. N. Rao [49], Ulrike Schultz [50] und Persano et al. [51] durchgeführt. K. N. Rao hat bereits gezeigt, dass beim Elektronenstrahlverdampfen von Dielektrika auf PMMA-Substrate inhomogene Oberflächen mit Rissen entstehen, wenn die Substrattemperatur dabei über 80°C steigt. Auch Ulrike Schulz [50] erwähnt, dass bei hohen Temperaturen auf Grund von mechanischen Spannungen Risse auftreten können, wenn Dielektrika auf Polymersubstrate aufgedampft werden. Sie merkt auch an, dass eine Begrenzung der Schichtdicke des Dielektrikums die mechanischen Spannungen während des Aufbringens der Schicht auf ein Plastiksubstrat verringern kann. Persano et al. [51] dampfen einen dielektrischen Spiegel aus Titandioxid und Siliziumdioxid auf eine organische Schicht aus MEH-PPV. In der Veröffentlichung wird nicht von Rissen auf der Oberseite der Vielschichtstruktur berichtet. Möglicherweise traten hierbei sogar feinste Risse auf, die allerdings für die dort untersuchte Anwendung keine Einschränkung darstellten. Entscheidend ist, welche Probenfläche für die jeweilige Anwendung benötigt wird. Für die im Rahmen dieser Arbeit vorgestellten Laserscanner und Minispektrometer wird nur eine Fläche in der Größenordnung von 1 mm² benötigt. Zudem geht es nicht darum, Dielektrika auf ein Polymersubstrat aufzudampfen, sondern auf Polymerdünnschichten in der Größenordnung von 100 nm.

Um einen hochdispersiven Hybrid-Dünnschichtfilter mit einem definierten Verschiebungsprofil zu erhalten, müssen die Einzelschichten genau nach dem zuvor simulierten Design hergestellt werden. Sowohl die Schichtdicken als auch die Brechungsindizes der einzelnen Schichten müssen sehr genau denen des simulierten Designs entsprechen, um den gewünschten Effekt der Verschiebung des Signalstrahls bei Anregung des Bauteils durch einen Pumpstrahl zu erreichen. Der Hybrid-Dünnschichtfilter soll einen Laserstrahl mit einem Durchmesser von etwa 10 μm verschieben. Liegen in dieser Größenordnung Unregelmäßigkeiten bezüglich der Dicke oder des Brechungsindexes vor, erfährt der den Filter passierende Signalstrahl eine vom Sollwert abweichende Dispersion. Zudem verringert sich die Strahlqualität, wenn der Strahl an kleinen Partikeln oder Rissen in oder auf dem Filter gestreut wird. Passiert der Signal-strahl eine Zwei-Schicht-Struktur, so wird er möglicherweise durch feine Risse nur wenig beeinflusst und durchläuft die Struktur wie geplant. Bei Mehrschichtstrukturen ist die Vermeidung von Rissbildung allerdings es-sentiell, da tiefe Risse an einer Grenzschicht zu weiteren Rissen an ande-ren Grenzschichten führen können und dadurch das gesamte Schichtde-sign seine Dispersionseigenschaften verändern würde.

Die Risse, die im Rahmen dieser Untersuchung auftraten liegen in der Größenordnung von 2-3 μm für Proben mit Polystyrol und bis zu 7 μm für Proben mit PMMA. Folglich scheinen sich Proben mit Polystyrol deutlich besser für die Realisierung der geplanten Bauelemente zu eignen als Proben mit PMMA. Die Dimension der Risse in den Polystyrolproben ist allerdings dieselbe wie die des Laserstrahldurchmessers, d.h. bereits die-se relativ feinen Risse beeinträchtigen die Strahlqualität. Die zuverlässige Realisierung der Bauelemente entsprechend des geplanten Designs ist also nur möglich, wenn die Rissbildung in den Dünnschichten komplett vermieden wird.

Die obige Untersuchung verschiedener Hybrid-Dünnschichtfilter zeigt, dass unterschiedliche Parameter berücksichtigt werden müssen, um rissfreie Hybridschichter aus Polystyrol und Tantalpentoxid herzustellen. Zunächst muss jegliche Inhomogenität innerhalb der Polymerschicht vermieden werden: Es dürfen sich beim Aufschleudern der Schicht keine Ansammlungen von kleinsten Partikeln bilden und auch keine Schmutz-partikel auf der Oberfläche absetzen. Eine sorgfältige Reinigung der Sub-strate, gefolgt von einer Qualitätskontrolle und das Ansetzen einer Poly-merlösung ohne ungelöste Agglomerate müssen vorausgesetzt werden.

Ein anderer wichtiger Einflussfaktor zur Rissbildung ist der zeitliche Ver-lauf der Temperatur der Probe während der Herstellung. Am wärmsten wird die Probe beim Aufdampfen des Dielektrikums. Besonders beim Aufdampfen von Tantalpentoxid erwärmt sich die Probe auf deutlich mehr als 120°C. In Abhängigkeit von der Leistung des Elektronenstrahls er-wärmt sich die Probe dabei mehr oder weniger stark. Die Länge der Ab-kühlperiode im Anschluss an den Herstellungsprozess entscheidet darü-ber, wie schonend die Probe auf Raumtemperatur gebracht wird. Die ex-perimentelle Untersuchung der Hybridschichter legt nahe, dass bis zu einer bestimmten Maximaltemperatur keine Rissbildung erfolgt. Wenn bei vergleichsweise niedriger Elektronenstrahlleistung aufgedampft wird und die Probe anschließend sehr langsam abkühlen kann, wird die Rissbil-dung in dem Hybridschichter, der Polystyrol enthält, erfolgreich vermie-den. Eine weitere Probe ohne Risse ist Probe 23. Hier wurde Siliziumdioxid aufgedampft, d.h. die Elektronenstrahlleistung konnte besonders niedrig eingestellt werden. Auf diese Weise wurde das Substrat während des Aufdampfens des Dielektrikums nur minimal erwärmt. Dadurch fielen die darauf folgenden mechanischen Spannungen zwischen der organischen und der dielektrischen Schicht so niedrig aus, dass keine Risse entstanden.

Rissbildung in Hybrid-Dünnschichtfiltern kann folglich durch Anpassung der Herstellungsparameter vermieden werden: Ausschluss jeglicher Schwachstellen in der Polymerschicht, möglichst geringe Temperaturerhöhung des Substrats beim Aufbringen des Dielektrikums und eine möglichst schonende Abkühlung des Substrats im Anschluss. Unterstützt wird die erfolgreiche Herstellung der Hybridschichter durch die Wahl eines passenden Designs für das komplette Bauelement, das die Herstellungsvorgaben berücksichtigt. Anstatt von PMMA-Schichten sollten Schichten aus Polystyrol vorgesehen werden. Dicke Polymerschichten sollten ebenso vermieden werden wie Grenzflächen zwischen Polymer und Tantalpentoxid. Gut geeignet ist z.B. ein so genanntes „active coupling stack"-Design [44], bei dem ausschließlich sehr dünne Polymerschichten in Siliziumdioxidschichten eingebettet werden.

2.6.4 HYBRID-DÜNNSCHICHTFILTER MIT EINEM RESONATOR

Enthält das Design des Dünnschichtfilters nur einen organischen Resonator, so kann der Filter bei entsprechendem Design vergleichsweise unproblematisch hergestellt werden. Zunächst wird ein vielschichtiger, dielektrischer Spiegel nach Designvorgaben auf ein Glassubstrat aufgebracht. Dann wird die organische Schicht aufgetragen und mit einer metallischen Spiegelschicht bedampft. Für diesen Aufdampfschritt ist deutlich weniger Energie notwendig als für eine dielektrische Dünnschicht. Daher ist auch die Wärmeentwicklung während des Aufdampfens vernachlässigbar und eine Rissbildung durch undefiniertes Abkühlen der Probe unwahrscheinlich. Abbildung 2.17 zeigt schematisch den Aufbau des Bauteils. Als organische Schicht wurde hier im Hinblick auf eine mögliche Steuerung der Strahlaustrittsposition durch eine Temperaturänderung der Fotolack AZ 4562 verwendet.

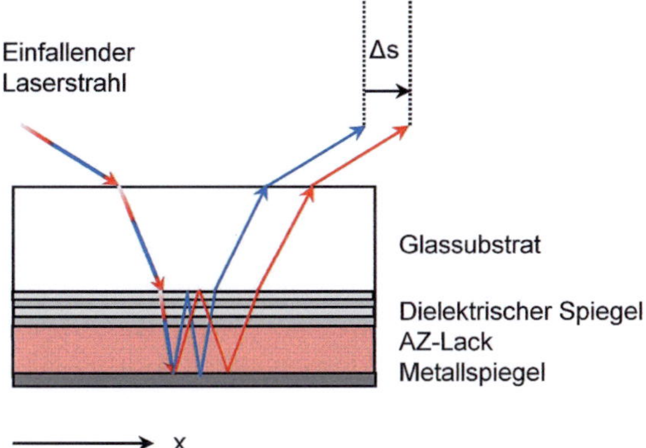

Abbildung 2.17: Hybrid-Dünnschichtfilter mit einem Resonator.

Ausgangspunkt für den realisierten Hybrid-Dünnschichtfilter ist ein 7-schichtiger Dünnschichtfilter aus Tantalpentoxid und Siliziumdioxid, der mit Elektronenstrahlverdampfen unter Verwendung des im Rahmen dieser Arbeit entwickelten optischen Monitoringsystems selbst hergestellt wurde. Im Abschnitt 2.5 werden bei der Vorstellung des Monitoringsystems die Transmissionskurve (Abbildung 2.11) und der Brechungsindexverlauf (Abbildung 2.12) dieses Dünnschichtfilters gezeigt. Die Fotolackschicht aus AZ4562 wurde durch Aufschleudern aus der Flüssigphase aufgebracht und hat eine Dicke von 5 μm. Abschließend wurde ein Metallspiegel thermisch aufgedampft. An diesem Hybrid-Dünnschichtfilter wurde die Strahlverschiebung unter Verwendung eines durchstimmbaren Ti:Saphir-Lasers in Reflektion gemessen. Die Charakterisierung wurde im Wellenlängenabschnitt von 761 m bis 766 nm durchgeführt. Abbildung 2.18. zeigt die gemessene Verschiebung Δs über der Wellenlänge λ. Der Laserstrahl wird innerhalb von 5 nm Wellenlängenänderung um fast 25 μm abgelenkt.

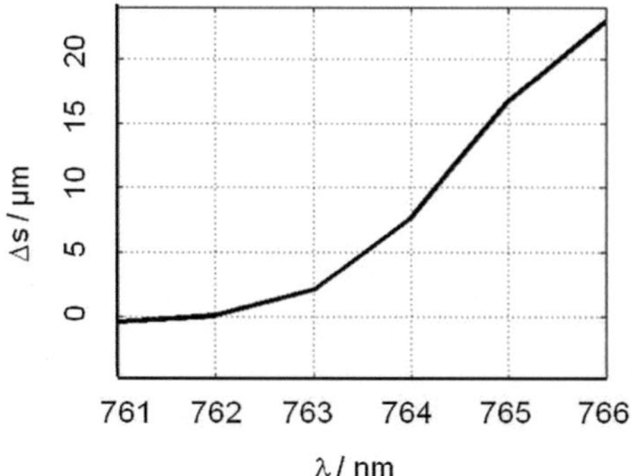

Abbildung 2.18: Ablenkung Δs über der Wellenlänge λ des reflektierten Laserstrahls.

2.7 DÜNNSCHICHTFILTER FÜR LASERSCANNER UND MINISPEKTROMETER

Der Einsatz von Hybrid-Dünnschichtfiltern im Laserscanner ist denkbar und interessant auf Grund der vielseitigen Umsetzungsmöglichkeiten der nicht-mechanischen Strahlverschiebung bzw. Strahlablenkung.

Die obigen Versuche zeigen, dass eine Verwendung von Hybrid-Dünnschichtfiltern zur Strahlablenkung tatsächlich möglich ist. Das Design mit nur einem Resonator unter Verwendung eines metallischen Spiegels (2.6.4) ist technologisch umsetzbar und bewirkt eine Verschiebung des Laserstrahls in Abhängigkeit von seiner Wellenlänge. Allerdings sind die Freiheitsgrade beim Filterdesign stark eingeschränkt und durch den metallischen Spiegel ist die Absorption innerhalb des Dünnschichtfilters vergleichsweise hoch.

Die Vorversuche zu zweischichtigen Hybridschichtern belegen, dass die erfolgreiche Herstellung von Hybrid-Dünnschichtfiltern im Vergleich zur serienmäßigen Herstellung von dielektrischen Dünnschichtfiltern deutlich komplexer und fehleranfälliger ist. Für die Fertigstellung des Laserscanners ist zudem die Integration von Mikrooptik auf den Dünnschichtfilter notwendig. Dies bedeutet einen weiteren Produktionsschritt, der zu Komplikationen führen kann. Verändert der Hybrid-Dünnschichtfilter z.B. bei dem Ausheizen von Reflow-Linsen auf der Filteroberfläche seine Dispersionseigenschaften? Wie groß ist die mechanische Belastbarkeit des Hybrid-Dünnschichtfilters? Verändert sich die Schichtdicke der integrierten organischen Schichten bei den folgenden Prozessschritten zur Integration der Mikrooptik? Daher wurden der neuartige Laserscanner und das Minispektrometer unter Verwendung eines dielektrischen Dünnschichtfilters realisiert.

Wird als Basisbauteil ein dispersiver Dünnschichtfilter aus Dielektrika verwendet, kann dieser ohne besondere Einschränkungen um weitere metallische oder organische Schichten ergänzt und ggf. fotolithographisch strukturiert werden. Die im sichtbaren Wellenlängenbereich typischerweise verwendeten Dielektrika Siliziumdioxid und Tantalpentoxid sind lösungsmittelbeständig und auf Grund der Substratdicke von 1 mm mechanisch gut handhabbar. Auch das Aufheizen der Strukturen auf Werte bis ca. 200°C für einen Reflow-Prozess ist oh ne Probleme möglich. Daher wurde zur Realisierung der Prototypen in dieser Arbeit ein nach den Designvorgaben hergestellter dielektrischer Dünnschichtfilter eingesetzt.

3 DÜNNSCHICHT-LASERSCANNER

Im Rahmen dieser Arbeit wurden neuartige Laserscanner entworfen und untersucht, die wenige bzw. gar keine mechanischen Komponenten zur Laserstrahlablenkung benötigen. Die Kombination von Linsen mit einem dispersiven Filter und einem durchstimmbaren Laser ermöglicht einen Positionswechsel des Laserstrahls innerhalb von Nanosekunden ohne den Einsatz von Mechanik (3.1). Anhand von ZEMAX™-Simulationen wurde eine Systemoptimierung dieses Laserscanners in Bezug auf die Strahlqualität und den erreichbaren Scanwinkel durchgeführt. Die Ergebnisse der Simulationen werden im Abschnitt 3.2 dargestellt und diskutiert. Die Realisierung eines zweidimensionalen Laserscanners unter Verwendung nur eines mechanischen Aktuators in Kombination mit einem optischen Array ist Thema des Abschnitts 3.3. Ersetzt man den mechanischen Aktuator durch den oben vorgestellten Dünnschicht-Laserscanner, ergibt sich ein neuartiges Konzept für einen zweidimensionalen Laserscanner ohne mechanische Komponenten.

3.1 PROTOTYP FÜR 1D-SCANNEN OHNE BEWEGLICHE BAUELEMENTE

Der hier vorgestellte Dünnschicht-Laserscanner enthält keine mechanischen Komponenten. Das Scannen erfolgt durch die Kombination einer fein durchstimmbaren Laserdiode mit einem hochdispersiven Dünnschichtfilter und einer auf das Gesamtdesign abgestimmten Mikrolinse. Abbildung 3.1 zeigt den Laserscanner ohne mechanische Aktuatoren schematisch. Ausgehend von der Laserdiode trifft der Laserstrahl unter einem Winkel θ_{ein} auf das Glassubstrat der Dicke $d_s = 1$ mm und durchläuft dieses unter einem Winkel θ_t. Er wird an der Substratrückseite an dem dispersiven Dünnschichtfilter der Dicke $d_f \sim 10\ \mu$m reflektiert und trifft dann auf die Auskoppellinse. Die Reflektion an dem dispersiven Dünnschichtfilter bewirkt eine örtliche Verschiebung des Austrittsorts des Laserstrahls in Abhängigkeit von seiner Wellenlänge um Δs. Über die Auskoppellinse wird die laterale Verschiebung in eine räumliche Ablenkung umgesetzt, die dem Winkel α entspricht.

Für eine präzise laterale Verschiebung des Laserstrahls werden schnell durchstimmbare Laserdioden im jeweiligen Wellenlängenbereich benötigt. Diese werden zwar aktuell erforscht, zur Realisierung des Laserscanners waren aber noch keine passenden Laserdioden verfügbar. Der Prototyp des Dünnschicht-Laserscanners beruht daher auf dem Einsatz eines durchstimmbaren Ti:Saphir-Festkörperlasers. Dieser kann auf Grund seiner Größe nicht direkt auf dem Dünnschichtbauelement integriert werden. Die Strahleinkopplung erfolgt daher über eine externe Einkoppellinse zwischen dem Festkörperlaser und dem Dünnschichtbauelement (Abbildung 3.1). Damit besteht das Gesamtsystem aus einem externen durchstimmbaren Ti:Saphir-Laser, einer externen Einkoppellinse, dem dispersiven Dünnschichtfilter und einer auf das Gesamtsystem angepassten Mikrolinse für die Strahlauskopplung.

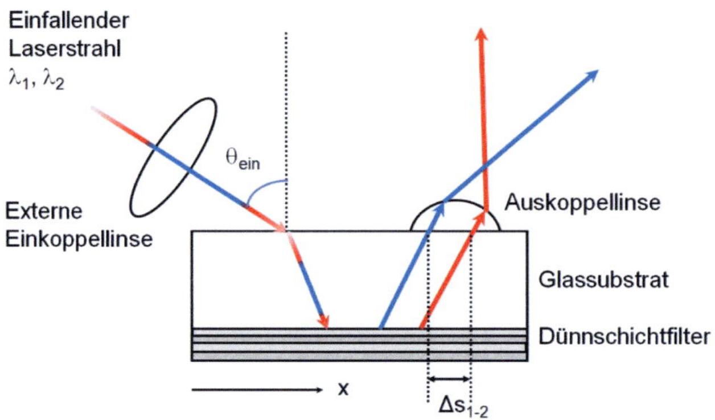

Abbildung 3.1: Schema des Dünnschicht-Laserscanners auf Basis einer Laserdiode, eines dispersiven Dünnschichtfilters und einer Mikrolinse für die Strahlauskopplung.

Voraussetzung für eine erfolgreiche Realisierung des vorgestellten Dünnschicht-Laserscanners ist ein umfassendes Systemdesign (3.1.1) im Vorfeld. Insbesondere ist entscheidend, welcher durchstimmbare Laser zur Verfügung steht und welche Aspekte der Mikrooptik beim Systemdesign berücksichtigt werden müssen. Die einzelnen Komponenten müssen sowohl optisch, als auch geometrisch und technologisch aufeinander abgestimmt werden. Im folgenden Kapitel 3.1.2 werden die verwendeten Mikrolinsen vorgestellt. Aufbauend auf die Designvorgaben wurden Prototypen des Dünnschicht-Laserscanners realisiert (3.1.3). Der verwendete optische Messplatz im Laserlabor sowie die Ergebnisse der Charakterisierung der Prototypen werden im Abschnitt 3.1.4 vorgestellt. Abschließend wird das Potenzial des vorgestellten Dünnschicht-Laserscanners für den Einsatz in der Praxis diskutiert (3.1.5).

3.1.1 SYSTEMDESIGN

Um basierend auf dem oben dargestellten Konzept erfolgreich einen Dünnschicht-Laserscanner zu realisieren müssen verschiedene Aspekte berücksichtigt werden:

- Durchstimmbarkeit des Lasers

- Dispersion des Dünnschichtfilters

- Geometrische Dimensionierung des Gesamtsystems und Eigenschaften der integrierten Linsen

- Technologische Umsetzbarkeit des Gesamtsystems

- Abschätzung des Einflusses von Fertigungstoleranzen

Im Folgenden werden die einzelnen Unterpunkte des Systemdesigns genauer erläutert und im Hinblick auf die Realisierung des Prototypens und die Umsetzung des Dünnschicht-Laserscanners als kommerzielles System diskutiert.

3.1.1.1 DURCHSTIMMBARKEIT DES LASERS

Zur zeitnahen Realisierung eines Prototypens des vorgestellten Laserscannerkonzepts ist ein passender ggf. fein durchstimmbarer Laser unentbehrlich. Es gibt verschiedenste Ansätze um einen durchstimmbaren Laser zu realisieren [52]. Funktionsweise und Eigenschaften der einzelnen Lasertypen werden u.a. in [53] beschrieben. Den größten Durchstimmbereich bei geringer Linienbreite und einem guten Strahlprofil erreichen monochromatisch durchstimmbare Farb- und Festkörperlaser, wie der Ti:Saphir-Laser. Diese Laser sind zwar vergleichsweise groß und zudem teuer in der Herstellung. In einem kommerziell vertriebenen System würde die Kombination der neuartigen, kompakten Dünnschichtsysteme mit einem solchen Festkörperlaser keinen Vorteil zu bereits bestehenden Systemen bieten. Zur Demonstration und Bestätigung des Funktionsprinzips des vorgestellten Dünnschicht-Laserscanners ist der Ti:Saphir-Laser jedoch ideal, da er aktuell käuflich zu erwerben ist und auf Grund seines großen Durchstimmbereichs in Kombination mit unterschiedlichen Dünnschichtfiltern verwendbar ist.

Die Verwendung von Lasern mit mechanischen Durchstimmkonzepten [54-56] ergibt in Kombination mit den vorgestellten Dünnschichtsystemen, deren Vorteil im Verzicht auf mechanische Komponenten liegt, keinen Sinn.

Die besondere Attraktivität des Dünnschicht-Laserscanner kommt dann zur Geltung, wenn er mit einem kompakten, robusten und zudem kostengünstig herstellbaren Halbleiterlaser realisiert wird, der ohne Rückgriff auf mechanische Methoden durchgestimmt werden kann. Verfügbar sind Halbleiterlaser in verschiedensten Wellenlängenbereichen zwischen 400 nm und 3 μm [52]. Eine Stabilisierung der Frequenz und die Durchstimmbarkeit wird bei Halbleiterlasern u. a. durch die Integration einer zusätzlichen Gitterstruktur erreicht. Verwendet werden so genannte „Distributed Feedback" (DFB) oder „Distributed Bragg" Gitter (DBR). Eine vergleichsweise langsame Durchstimmung der Wellenlänge ist z.B. durch Variation der Laserdioden-Temperatur möglich. Diese führt zu einer Änderung der Gitterkonstante und der Resonatorlänge der Laserdioden und ermöglicht dadurch eine modensprungfreie Durchstimmung über viele Nanometer [52]. Schnellere Frequenzänderungen im Bereich weniger Gigahertz sind durch Injektionsstrom-Modulation erreichbar (z. B. 2 GHz mit 100 kHz Repetitionsrate) [57]. Kommerziell sind z.B. durch Strominjektion durchstimmbare monolithisch integrierte Laser mit ca. 30 nm Bandbreite um 1550 nm erhältlich (www.agility.com). Elektrisch gepumpte Laserdioden auf InGaN-Basis im blauen Spektralbereich wurden ebenfalls demonstriert [58, 59].

Technologisch stellen die in den DFB- und DBR-Laserdioden eingebrachten Gitterstrukturen wegen der kleinen Dimensionen eine Herausforderung dar. Deshalb gibt es DFB-Laserdioden kommerziell bisher nur für Wellenlängen oberhalb von 760 nm und DBR- Laserdioden nur für bestimmte spektrale Bereiche zwischen 900 nm und 1000 nm. Mit Hilfe von Frequenzverdopplung aus dem infraroten Spektralbereich wurden jedoch auch durchstimmbare blaue Laserdioden realisiert [60]. Laserdioden mit Schaltzeiten zwischen einzelnen Wellenlängen im Nanosekunden-Bereich sind zudem Gegenstand der aktuellen Forschung [57, 61-64] insbesondere für Anwendungen im faseroptischen Kommunikationsbereich sowie für die Sensortechnik. Weitere Entwicklungen von durchstimmbaren Laserdioden im sichtbaren und im infraroten Spektralbereich sind in den nächsten Jahren zu erwarten.

3.1.1.2 DISPERSION DES DÜNNSCHICHTFILTERS

Der durchstimmbare Wellenlängenbereich des verwendeten Lasers muss mit dem Bereich der gewünschten Dispersion des Dünnschichtfilters übereinstimmen. Die Dispersion des Dünnschichtfilters wird folglich an die Anwendung und damit an den angestrebten Wellenlängenbereich angepasst. Allgemeine Vorgaben zum Filterdesign werden in den Abschnitten 2.2 und 2.4 zusammengefasst. Der im Rahmen dieser Arbeit verwendete dielektrische Dünnschichtfilter wird im Abschnitt (2.7) vorgestellt.

3.1.1.3 GEOMETRISCHE DIMENSIONIERUNG DES GESAMTSYSTEMS

Auf der Basis der Dispersion des eingesetzten Dünnschichtfilters erfolgt nun die geometrische Dimensionierung des Systems, bei der die Position der Austrittslinse bestimmt wird. Die benötigten Linseneigenschaften für die Ein- und Auskopplung des Laserstrahls werden berechnet bzw. anhand von Simulationen in LightTools® (Optical Research Associates, Pasadena, USA) angenähert. An welchen Stellen werden Linsen benötigt? Wie müssen sie zueinander angeordnet sein und welche Anforderungen müssen sie erfüllen? Wie können die Linsen in das optische System integriert werden?

Je nachdem welche Laserquelle verwendet wird, ist eine externe Einkoppellinse zur Strahlfokussierung auf das Dünnschichtbauteil notwendig (Abbildung 3.2) oder eine integrierte Linse am Strahleintritt in den Dünnschichtfilter (Abbildung 3.3). In jedem Fall wird ein möglichst geringer Durchmesser des Laserstrahls innerhalb des Dünnschichtfilters und beim Passieren der Auskoppellinse angestrebt.

Die **Mikrolinse zur Strahlauskopplung** wird auf der Glasseite des Filters integriert. Die Linse hat die Aufgabe, die ankommenden Laserstrahlen in einen möglichst großen Raumfächer umzulenken. Um einen möglichst großen Ablenkwinkel zu erreichen, muss sie eine kleine Brennweite besitzen. Ein geringer Linsendurchmesser ermöglicht es zudem auf kleinem Raum möglichst viele Auskoppellinsen nebeneinander zu setzen. Für die Realisierung des Prototypen wurden Mikrolinsen mit einem Durchmesser von 75 μm und einer Brennweite von ca. 100 μm eingesetzt. Über die Länge des Spiegels zwischen Ein- und Auskoppelbereich des Laserscanners wird die Anzahl der Reflektionen im Dünnschichtfilter gesteuert.

Basierend auf diesen grundlegenden Designüberlegungen wurde mit der Simulationssoftware LightTools® der notwendige **Abstand zwischen Ein- und Auskoppellinsen** für die Erstellung der Schattenmasken zur Herstellung der Linsen bestimmt. Eine Abschätzung der möglichen Parameterschwankungen der verwendeten Materialien und des Herstellungsprozesses ergibt, dass leichte Abweichungen durch geringe Variation des Einfallswinkels des Laserstrahls wieder kompensiert werden können.

Ist der Abstand der Ein- und Auskoppellinsen und damit die Anzahl der Reflektionen im Substrat bekannt, so können die **optischen Linseneigenschaften** in Bezug auf die Strahldivergenz optimiert werden.

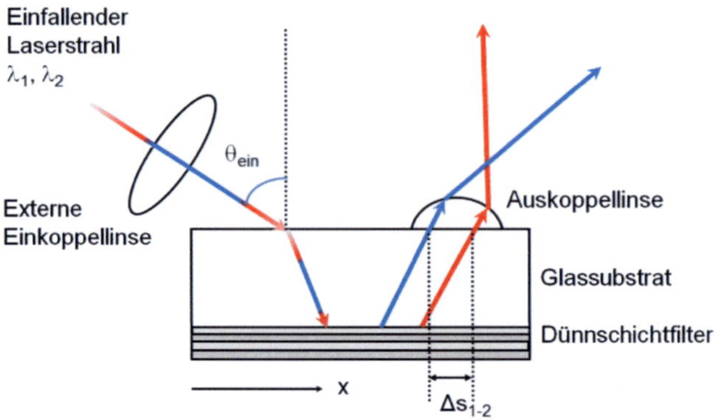

Abbildung 3.2: Strahlfokussierung über eine externe Einkoppellinse.

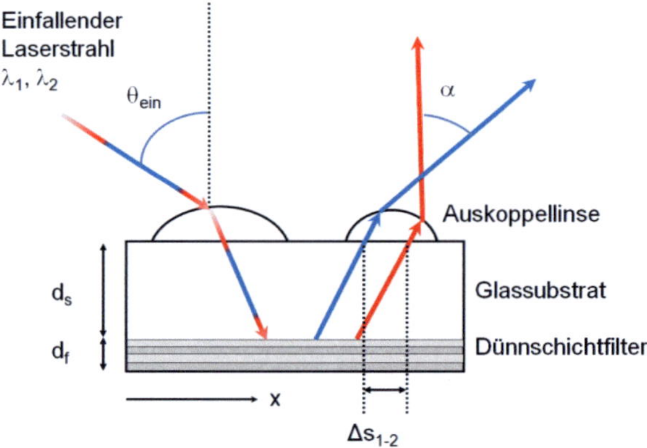

Abbildung 3.3: Strahlfokussierung über eine integrierte Einkoppellinse.

Eine Optimierung der Linseneigenschaften ist von Vorteil, da damit Bildfehler am abgelenkten Laserstrahl minimiert werden können. Bildfehler, die ohne den Einsatz speziell optimierter Linsen auftreten, werden hauptsächlich durch den relativ starken **Schrägeinfall des Laserstrahls** unter einem Winkel von 45° bedingt. Ein Winkel in dieser Größenordnung ist notwendig, damit einfallender und reflektierter Strahl, die ja lokal teilweise einen Durchmesser von 300 μm haben können, an der Substratoberfläche eindeutig voneinander getrennt sind. Der Abstand zwischen einfallendem und reflektiertem Strahl muss daher mindestens ca. 0,8 mm betragen. Auf Grund des starken Schrägeinfalls fällt das Strahlprofil des abgelenkten Strahls bei Verwendung einer sphärischen, also zentralsymmetrischen Linsengeometrie für Ein- und Auskoppellinse mangelhaft aus. Der große Einfallswinkel führt dazu, dass deutliche Bildfehler, vor allem

48

Astigmatismus, auftreten. Astigmatismus bedeutet, dass sich die Foki der horizontalen und der vertikalen Strahlanteile gegenläufig verschieben. Abbildung 3.4 zeigt, wie der Lichteinfall unter einem Winkel zur der optischen Achse zu der Ausbildung von zwei unterschiedlichen Foki für die Tangential- und Sagittalebene führt.

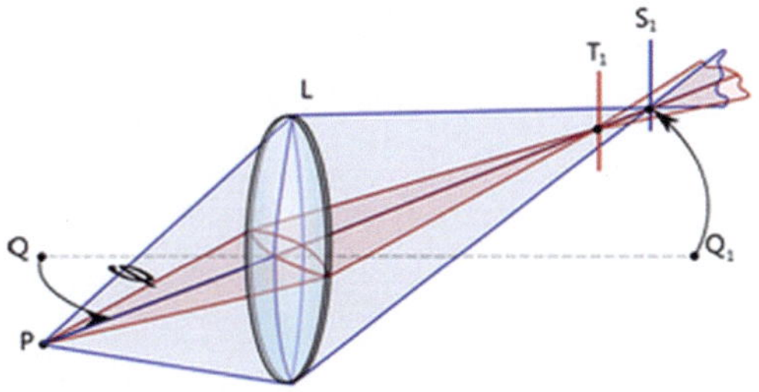

Abbildung 3.4: Astigmatismus bei Schrägeinfall von Licht auf eine sphärische Linse [65].

Um diesen Effekt zu kompensieren müssen die verwendeten Linsen unterschiedliche Krümmungsradien entlang ihrer x- und ihrer y-Achse besitzen. Auf diese Weise kann eine große Übereinstimmung der Fokalebenen der Ein- und Auskoppellinse erreicht werden, was wiederum zu einer deutlich verbesserten Strahlqualität des abgelenkten Strahls führt. Die Ergebnisse dieser Optimierung sind im Abschnitt 3.2 zusammengefasst.

Grundsätzlich muss bei der Verwendung von Mikrooptik die **Beugungsbegrenzung** des verwendeten Laserstrahls, berücksichtigt werden. Es ist ein schlanker Strahldurchmesser gefragt, um die mikrooptischen Bauteile mit hoher Präzision zu treffen. Dies legt nahe, den Laserstrahl im relevanten Strahlabschnitt stark zu fokussieren. Ein stark fokussierter Strahl zeigt jedoch hinter der Fokusebene eine deutliche Divergenz, so dass er in Folge wieder gebündelt werden muss. Daher müssen die Werte für w_0 (Strahlradius im Fokus) und z_0 (Rayleighlänge, d.h. Entfernung vom Fokus in der der Strahlradius $w = w_0 \cdot \sqrt{2}$) aufeinander abgestimmt werden. Die Rayleighlänge ist definiert als: $z_0 = (\pi \cdot \omega_0^2) / \lambda$.

Je geringer der Strahlradius in der Strahltaille, desto geringer ist auch der Strahlabschnitt $b = 2 \cdot z_0$ innerhalb dessen der Strahlradius unterhalb von $w = w_0 \cdot \sqrt{2}$ liegt (Abbildung 3.5).

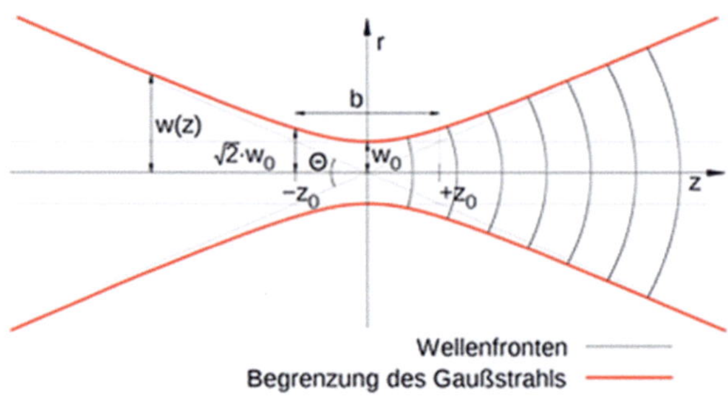

Abbildung 3.5: Gaußscher Strahl [65].

Einen entscheidenden Einfluss auf den Strahlverlauf haben somit sowohl die verwendete Laserquelle und als auch die Länge des optischen Wegs innerhalb der mikrooptischen Anordnung. Makroskopische optische Anordnungen können daher nicht einfach auf mikrooptische Maßstäbe herunterskaliert werden.

Generell gilt: Je geringer der **Durchmesser des Ausgangslaserstrahls** ist, desto geringer fallen die Bildfehler durch die verwendeten Linsen aus. Andererseits führt eine Einengung des Laserstrahls auch zu einer beugungsbedingten Vergrößerung des Laserstrahldurchmessers im Fokus. Insbesondere beim Passieren der Auskoppellinsen muss der Durchmesser des Laserstrahls jedoch deutlich geringer sein als der der jeweiligen Linse. Abbildung 3.6 verdeutlicht wie groß der Strahldurchmesser D des eintreffenden Laserstrahls sein muss um einen geringen Strahldurchmesser d am Austrittsort zu erreichen. Zugrunde gelegt ist hier eine Reflektionsstrecke von fünf Reflektionen im Bauteil bzw. eine optische Weglänge von ca. 13 mm. Der Durchmesser D des eintreffenden Laserstrahls wird zudem durch den Abstand der einzelnen Reflektionen begrenzt, um ein Interferieren der reflektierenden Strahlen zu vermeiden. Daraus ergibt sich eine Obergrenze von ca. 600 μm für den Durchmesser des eintreffenden Laserstrahls, die wiederum bedingt, dass der kleinste realisierbare Strahldurchmesser am Austrittsort 20 μm beträgt.

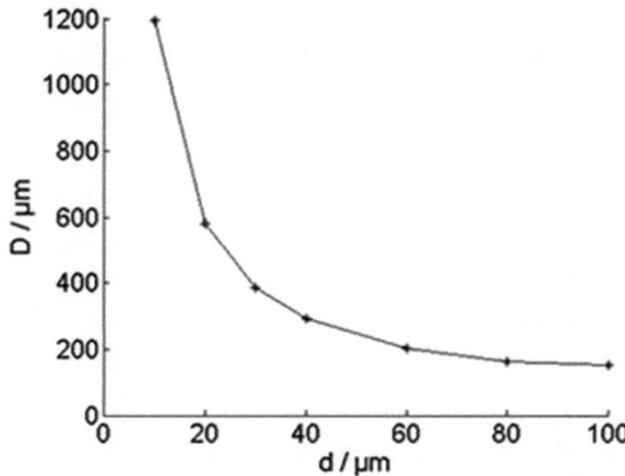

Abbildung 3.6: Durchmesser des Laserstrahls beim Strahl-eintritt (D) und beim Passieren der Auskoppellinse (d) bei einer Reflektionsstrecke von 13 mm. Das entspricht 5 Reflektionen bei einem Einfallswinkel von 45°.

3.1.1.4 TECHNOLOGISCHE UMSETZBARKEIT DES GESAMTSYSTEMS

Bei der Erstellung des Systemdesigns muss auch die technologische Umsetzung bedacht werden, d.h. die Reihenfolge der Herstellungsschritte und die Kompatibilität der einzelnen Materialien und Verfahren. Bei der Erstellung des Filterdesigns muss z. B. die technische Realisierbarkeit des entworfenen Dünnschichtdesigns im Auge behalten werden. Zudem werden Mikrolinsen benötigt, die passgenau dimensioniert und positioniert werden können. Dank der intensiven Forschung der letzten Jahre bezüglich der Realisierung von MEMS [66, 67], Mikrolinsen [68-79] und mikrooptischen Komponenten im Allgemeinen [80-83] steht inzwischen eine Vielzahl an Technologien für die Integration optischer Elemente in Miniatursystemen zur Verfügung. Mikrolinsen, die per Reflow-Technik aus Fotolack hergestellt werden, sind flexibel positionierbar und kostengünstig herstellbar. Der Übertrag der Lacklinsenstruktur in ein Glassubstrat ergibt Linsen mit höherer Lebensdauer. Bei der Herstellung durch Laserablation kann die Linsenkrümmung frei definiert und auch nichtlinear gestaltet werden. Das LIGA-Verfahren ermöglicht eine kostengünstige Produktion bei der Integration von Mikrolinsen in ein Serienbauteil.

Elegant wäre auch die Integration einer Einkoppellinse direkt auf dem dielektrischen Dünnschichtfilter. Sie müsste jedoch einen Durchmesser von einigen Millimetern aufweisen. Dafür eignet sich das Reflow-Verfahren nur bedingt, da für die Einkoppellinse deutlich größere Linsendurchmesser und Lackschichtdicken benötigt werden als für die Auskoppellinsen (3.3.1). Für das Prototyp-System unter Verwendung eines Ti:Saphir-Lasers wurde daher eine externe Einkoppellinse vorgesehen. Bei der Realisierung des Laserscanners mit einer Laserdiode muss die Dimensionierung der Einkoppellinse neu evaluiert werden.

Ausgehend von dem dispersiven Dünnschichtfilter ist nun zu berücksichtigen, dass noch sowohl metallische Schichten für Frontspiegel bzw. Eintrittsblende und ggf. Rückseitenspiegel aufgedampft werden müssen. Wird dieser Herstellungsschritt vor der Fertigung der Reflow-Mikrolinsen vorgenommen, so muss beim Heizschritt zum Zerfließen der Lackzylinder zu Mikrolinsen sehr behutsam von Raumtemperatur aus beginnend geheizt werden. Denn Sprünge im Temperaturprofil können bei diesem Fertigungsschritt dazu führen, dass die dünne Metallschicht sich auf Grund von thermischen Spannungen von dem Dünnschichtfilter löst und damit das Bauteil unbrauchbar wird. Es ist auch denkbar zunächst die Reflow-Mikrolinsen auf dem Dünnschichtfilter zu positionieren und dann anschließend die Metallspiegel aufzudampfen. Allerdings muss in diesem Fall beim Design des Probenhalters für die Aufdampfanlage dafür gesorgt werden, dass die Mikrolinsen bei dem Aufdampfschritt nicht platt gedrückt oder seitlich mit bedampft werden. Zusätzlich muss sichergestellt werden, dass die Probe sich während des Aufdampfens nicht erwärmt, wodurch möglicherweise die Mikrolinsen ihre Form während des Prozesses verändern würden.

3.1.1.5 ABSCHÄTZUNG DES EINFLUSSES VON FERTIGUNGSTOLERANZEN

Die Parameter der verwendeten Komponenten unterliegen gewissen Fertigungstoleranzen. Anhand einer Simulation mit LightTools® wurde daher überprüft, inwieweit diese Toleranzen bei der Planung des Laserscanners und des Minispektrometers ins Gewicht fallen.

Eine beispielhafte Simulation zeigt für einen Einfallswinkel von $\theta_{ein} = 45°$, welche Parameter kritisch sind und daher beachtet werden müssen. Abbildung 3.7 gibt einen Überblick über die berücksichtigten Parameter. Es werden folgende Annahmen gemacht: Die Dicke d_E der Einkoppellinse beträgt 8,5 mm. Sie hat einen Durchmesser von $D_E = 1$ mm und besteht aus SU-8 2005 Fotolack mit einem Brechungsindex von $n_E = 1,58$. Die Fokuslänge der Einkoppellinse berechnet sich damit zu $f_E = 28,27$ mm. Die Dicke d_G des Glassubstrats beträgt 1 mm. Es hat einen Brechungsindex von $n_G = 1,52$. Die Dicke d_f des Dünnschichtfilters ist mit ca. 10 μm $\ll d_G$ vernachlässigbar Auch die Divergenz des einfallenden Laserstrahls sei vernachlässigbar. Der Strahl wird fünfmal im Dünnschichtfil-

52

ter reflektiert. Mit diesen Annahmen errechnet sich der Abstand zwischen Ein- und Auskoppelstelle zu A_{EA} = 5,305 mm. Die Schwankung dieses Werts bei einer Änderung der anderen Parameter wurde untersucht.

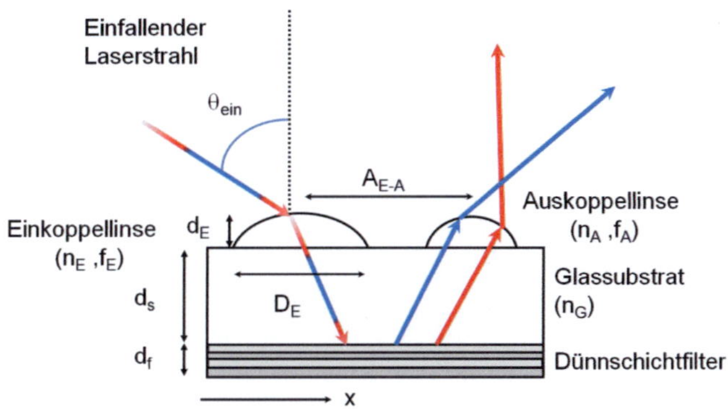

Abbildung 3.7: Ausgangspunkt für die Simulation mit LightTools®.

Wichtig ist das Glassubstrat, auf das die Dünnschichtfilter aufgebracht sind. Die Dicke ist mit d_G = 1 mm vom Hersteller angegeben. Es wird im Folgenden eine mögliche Abweichung von bis zu Δd_G = 100 μm angenommen. Für die Berechnungen wird eine Brechzahl von n_G = 1,52 angenommen und dieser Wert in Schritten von Δn_G = 0,01 variiert. Es zeigt sich, dass die Austrittsposition bei einer Änderung der Glasdicke von Δd_G = 20 μm um ΔA_{EA} = 105 μm und bei einer Änderung des Brechungsindex von Δn_G = 0,01 um ΔA_{EA} = 45 μm verschoben wird. Eine Variation der Dicke der Einkoppellinse im Bereich Δd_E = ± 20 μm hat nur geringe Auswirkungen auf die Austrittsposition und wird daher nicht weiter berücksichtigt. Neben den materialabhängigen Parametern hat auch eine Änderung des Einfallswinkels θ_{ein} eine Auswirkung auf die Auskoppelposition. Bei einer Änderung von $\Delta\theta$ = 1° ändert sich der Abstand zwischen Ein- und Austrittsposition um etwa ΔA_{EA} = 120 μm. Das Beispiel zeigt, dass die Herstellungstoleranzen bezüglich der Substratdicke und des Brechungsindexes des Substrats nicht vernachlässigbar sind. Bereits kleinste Abweichungen von den Sollwerten wirken sich auf die Auskoppelposition aus. Das Beispiel zeigt aber auch, dass die Auswirkungen der nicht beeinflussbaren Abweichungen über eine Anpassung des Einfallswinkels ausgeglichen werden können

3.1.2 INTEGRATION VON MIKROLINSEN

Es werden Mikrolinsen benötigt, die gezielt auf dem Substrat platziert werden können. Mögliche Prozesse zur Herstellung von Mikrolinsen sind das LIGA-Verfahren, Auftropfen, Übertragung einer Reflow-Linsenstruktur durch Ätzen in das Substrat, Strukturierung des Substrats durch Veränderung der Benetzungseigenschaften und die Herstellung durch verschiedene Reflow-Verfahren.

Abbildung 3.8: Herstellung von Mikrolinsen durch ein thermisches Reflow-Verfahren [84]

Die Mikrolinsen zur Strahlauskopplung für den Dünnschicht-Laserscanner wurden mit dem thermischen Reflow-Verfahren (Abbildung 3.8) hergestellt. Der erste Prozessschritt beim thermischen Reflow-Verfahren besteht darin, eine ca. 10 μm dicke Fotolackschicht auf ein Glassubstrat aufzuschleudern. Anschließend wird die Lackschicht über eine Maske mit kreisförmigen oder elliptischen Aussparungen mit UV-Strahlung belichtet. Nach dem Entwickeln der Lackschicht, bleiben Lackzylinder auf dem Glassubstrat zurück. Legt man die Proben im Anschluss für einige Minuten auf eine Heizplatte, so zerfließen die Lackzylinder zu Linsen mit einem sphärischen Oberflächenprofil. Die Reflow-Parameter (Zeit und Temperatur) variieren in Abhängigkeit der Linsengröße, -form und des verwendeten Fotolacks. Um das Verfahren auf seine Zuverlässigkeit zu überprüfen, wurden zunächst einige Linsen optisch charakterisiert. Es wird ein annähernd sphärisches Linsenprofil mit den zugehörigen Brennweiten erreicht. In Abbildung 3.9 ist die Grundfläche in der xy-Ebene von zwei durch Reflow hergestellten Mikrolinsen abgebildet. Abbildung 3.10 zeigt das Strahlprofil der elliptischen Linse in der xz- und der yz-Ebene. Auf Grund der beim Dünnschichtfilter schräg einfallenden Lichtstrahlen ist eine Astigmatismus-Korrektur vorteilhaft. Dafür werden Linsen mit elliptischer Grundfläche und unabhängigen Foki für Sagittal- und Meridionalebene benötigt (siehe elliptische Linse in Abbildung 3.9). Typischerweise eignen sich eher Positivlacke für die Herstellung von Reflow-Mikrolinsen, weshalb wir zunächst den Fotolack AZ4562 verwendet haben. Es wurden im Rahmen dieser Arbeit jedoch auch aus dem Negativlack SU-8 2005 der Firma MicroChem Reflow-Mikrolinsen hergestellt.

Dieser Lack hat zwei entscheidende Vorteile. Gegenüber dem zuvor für die Reflow-Mikrolinsen verwendeten Fotolack AZ4562 ist er deutlich besser für Laseranwendungen geeignet: Seine Glasübergangstemperatur liegt mit 210 ℃ vergleichsweise hoch und er weist eine deutlich höhere Transmission im Wellenlängenbereich von 400 nm bis 800 nm auf.

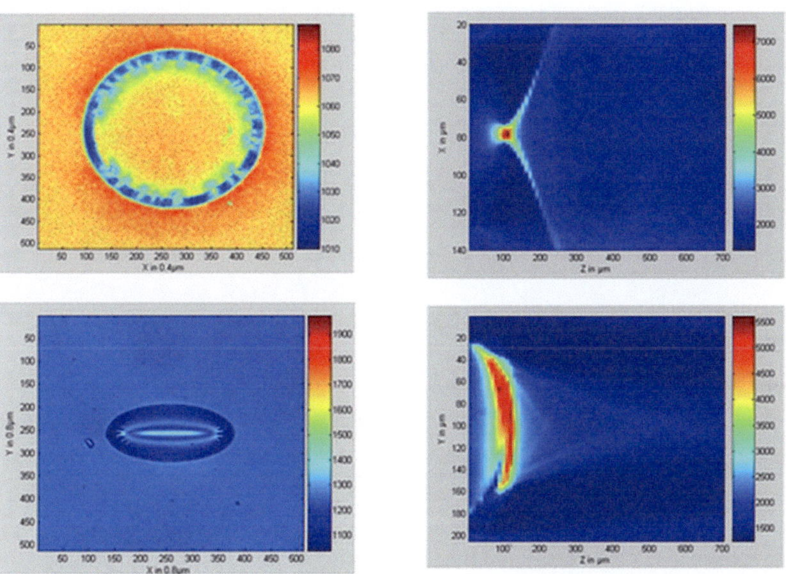

Abbildung 3.9: Intensitätsprofil einer sphärischen und einer elliptischen Reflow-Linse (x-Achse: x in 0,8μm, y-Achse: y in 0,8μm; Farbgebung: Intensität in a. u.) [85].

Abbildung 3.10: Strahlprofil hinter der elliptischen Reflow-Linse in der Sagittal- und der Meridionalebene (x-Achse: z in μm, y-Achse: x bzw. y in μm; Farbgebung: Intensität in a. u.). Die Linse befindet sich am Ort z = 0. [85].

Die Herstellung der Linsen mit SU-8 2005 ist im Vergleich zum AZ4562 jedoch zeitintensiver, da höhere Reflow-Temperaturen und längeres Heizen notwendig sind. Eine gute Reproduzierbarkeit ist außerdem schwieriger zu erreichen, da der Lack SU-8 2005 bei Kontaktbelichtung leicht an der Belichtungsmaske haften bleibt.

Laserzerstörschwellen von Mikrolinsen

Es wurden die Laserzerstörschwellen mehrerer Mikrolinsenreihen aus SU8-Lack untersucht. Der Durchmesser der Mikrolinsen betrug jeweils 75 μm. Die Messungen wurden mit einem Ti:Saphir-Laser im cw-Betrieb bei 800 nm durchgeführt, wobei die Leistung schrittweise erhöht wurde bis die Linsen erkennbar zerstört wurden. Die Messungen ergaben, dass die untersuchten Mikrolinsen bei unterschiedlichen Leistungswerten im

Bereich von 1 W zerstört werden, was in etwa einer Leistungsdichte von 10 kW/cm² entspricht. Abbildung 3.11 zeigt drei Linsenreihen jeweils vor und nach dem Abfahren mit dem Ti:Saphir-Laser. Während Linsenreihe 2 und 3 bei Leistungen von 0,86 bzw. 1,17 W zerstört wurden, bleibt Reihe 4 auch nach einer Laserleistung von 1,65 W intakt.

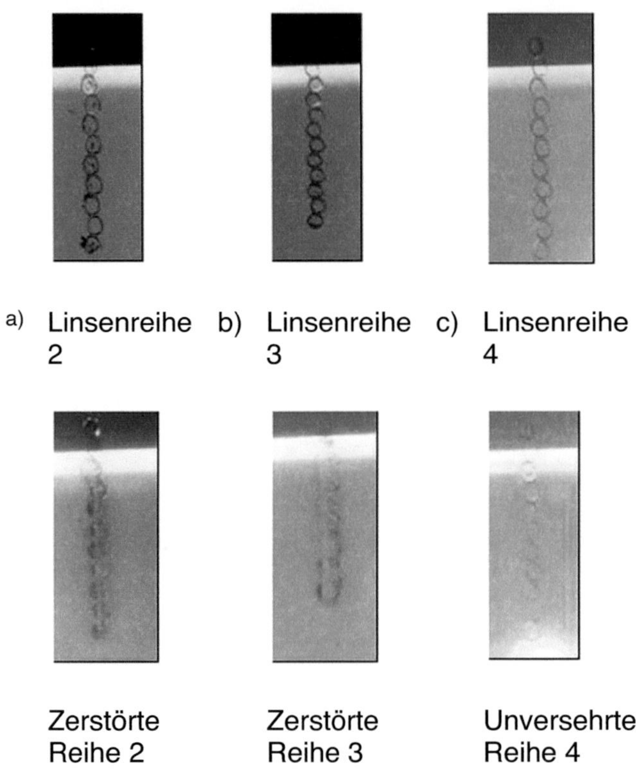

a) Linsenreihe 2   b) Linsenreihe 3   c) Linsenreihe 4

Zerstörte Reihe 2   Zerstörte Reihe 3   Unversehrte Reihe 4

Abbildung 3.11: Die Linsenreihen 2-4 vor (obere Bildspalte) und nach (untere Bildspalte) dem Abfahren mit einem Ti:Saphir-Laser (800 nm) im cw-Betrieb mit Leistungen von 0,86 W (a), 1,17 W (b) bzw. 1,65 W (c).

Für die Integration von Reflow-Mikrolinsen in den Dünnschicht-Laserscanner folgt aus den Messungen, dass er mit einem Laserstrahl mit ca. 1 W Leistung betrieben werden kann, ohne dass die SU8-Auskoppellinsen zerstört werden. Bei sehr sauberer Verarbeitung der Mikrolinsen ohne Staubpartikel auf der Oberfläche steigt vermutlich die Laserleistung, die die Mikrolinsen unversehrt überstehen, an.

Für die Funktionalität des Laserscanners ist jedoch bereits eine Leistung von einigen Mikrowatt ausreichend. Die Messungen des Laserscanners wurden auf Grund der hohen Empfindlichkeit der Kamera zur Bestimmung der Strahlposition hinter der Probe bei nur einigen Mikrowatt Leistung durchgeführt.

3.1.3 HERSTELLUNG DES GESAMTSYSTEMS

Unter Berücksichtigung der Vorgaben des Systemdesigns erfolgt nun die Herstellung des Prototypens eines Dünnschicht-Laserscanners. Mikrolinsen und Mikrolinsenarrays werden auf dielektrische Dünnschichtfilter integriert, die nach genauen Vorgaben extern gefertigt wurden (2.7). Für einen Laserscanner ist je nach Filterdesign und Anwendung maximal eine Fläche von ca. 1 x 15 mm² notwendig. Da Proben in dieser Größe für Versuche sehr unhandlich sind, wurden jeweils gleichzeitig mehrere Laserscanner auf einer Probengröße mit einem Durchmesser von 2,5 cm hergestellt (Abbildung 3.12 und Abbildung 3.13). Für einen Laserscanner in der Probenmitte ist der Eintritts- und Austrittsort des Laserstrahls rot markiert bzw. ein Querschnitt durch die Probe aufgezeigt. Zwischen dem flächigen Frontspiegel und dem dispersiven Dünnschichtfilter auf der Probenrückseite wird der Laserstrahl mehrfach reflektiert. Am Austrittsort wird er über eine Mikrolinse in den Raum abgelenkt. Die Linsen für die einzelnen Laserscanner sind in Zeilen untereinander angeordnet und ermöglichen die Auswahl einer längeren oder kürzeren Reflektionsstrecke bzw. unterschiedlicher Linseneigenschaften.

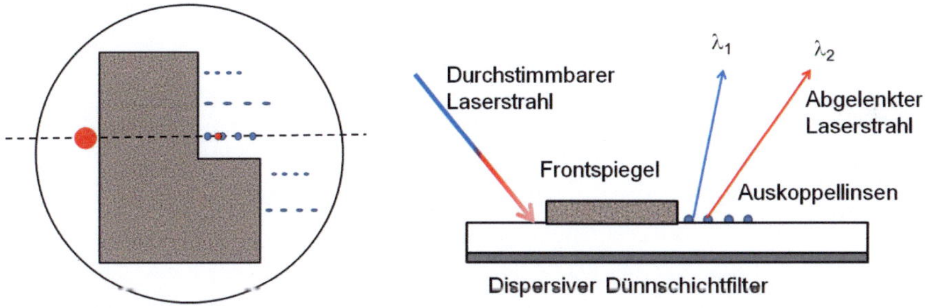

Abbildung 3.12: Schema einer Laserscanner-Probe mit mehreren Laserscannern untereinander.

Abbildung 3.13: Querschnitt eines Laserscanners der links dargestellten Probe. Der Laserstrahl wird zwischen Frontspiegel und dispersivem Dünnschichtfilter so oft reflektiert, bis er auf eine Auskoppellinse hinter dem Frontspiegel trifft.

Abbildung 3.14 bis Abbildung 3.16 zeigen Dünnschichtfilter auf denen zwölf verschiedene Laserscanner-Designs integriert wurden. Links sind jeweils Einkoppellinsen mit Durchmessern von 1-3 mm zu sehen, rechts die zugehörigen Auskoppelarrays aus Mikrolinsen. Die einzelnen leicht versetzt aufgebrachten Mikrolinsen sind auf den Fotos nicht zu unterscheiden, weshalb die Auskoppelarrays aussehen wie waagrechte Striche. Es wurden auch Auskoppelarrays ohne zugehörige Einkoppellinse auf dem Filter integriert. Die Mikrolinsen sind auf den vier Abbildungen unterschiedlich gut mit dem Auge zu erkennen. Genauso stellt sich die Sicht auf die Mikrolinsen in der Realität dar. In Abbildung 3.14 sind die Mikrolinsen sehr gut zu erkennen. Das Stoppband der Probe ist für den Betrieb im Bereich um 400 nm ausgelegt. Der Dünnschichtfilter reflektiert daher im sichtbaren Spektralbereich nur wenig. Das Foto wurde unter einem Blickwinkel von 90° auf die Probe erstellt. D ies unterstützt die Sichtbarkeit der Mikrolinsen, da das Streulicht des Blitzes der verwendeten Digitalkamera an den Rändern der Mikrolinsen deutlich zu sehen ist.

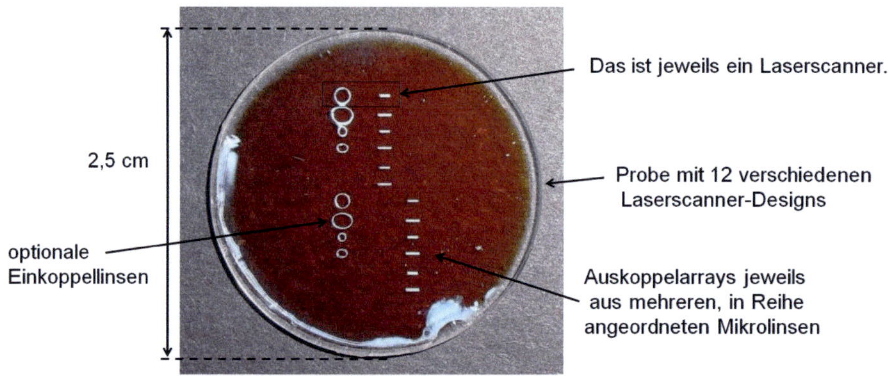

Abbildung 3.14: Laserscanner für den Betrieb bei ca. 400 nm.

Abbildung 3.15 zeigt eine Probe, die ergänzend einen metallischen Frontspiegel besitzt, der die Reflektionsstrecke des Laserstrahls im Filter definiert begrenzt. Da die Digitalkamera hier unter einem anderen Winkel auf die Probe schaut als in Abbildung 3.14, erscheint der dispersive Filter hier nicht mehr rot, sondern gelb schimmernd.

Die Laserscanner in Abbildung 3.16 und Abbildung 3.17 wurden für den Betrieb bei 800 nm ausgelegt. Die Farbe der Proben erscheint hier sehr unterschiedlich, was allerdings nur durch die Umgebungsbeleuchtung und den Blickwinkel verursacht wird. Die Fotos veranschaulichen, dass die Mikrolinsen nur unter speziellen Winkeln und bei geeigneter Beleuchtung auf der Probe zu erkennen sind.

In Abbildung 3.16 ist es z.B. nicht möglich, die Mikrolinsen-Arrays zu sehen, obwohl sie auf der Probe genauso angeordnet sind wie in Abbildung 3.17.

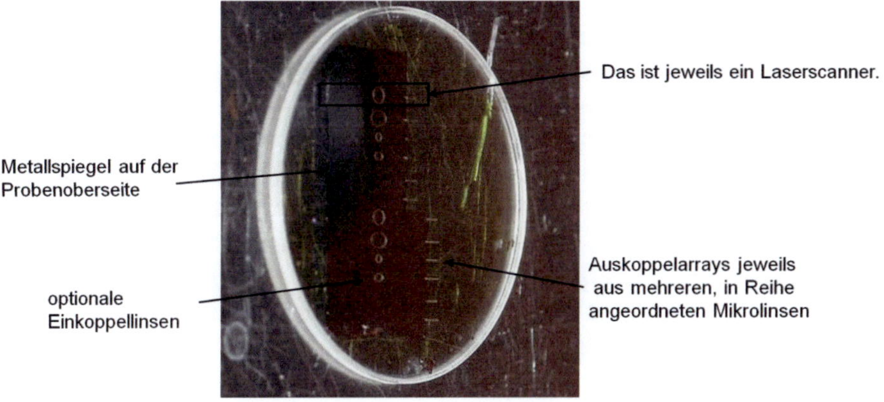

Abbildung 3.15: Laserscanner mit definierter Reflektionsstrecke durch einen Metallspiegel auf der Probenoberseite.

Abbildung 3.16: Laserscanner für den Betrieb bei ca. 800 nm. Die Linsenarrays sind vorhanden, aber aus dieser Perspektive fast nicht zu sehen.

Abbildung 3.17: Laserscanner für den Betrieb bei ca. 800 nm mit Blick auf Linsenarrays und deren Spiegelbild.

Das führt besonders bei der Charakterisierung der Proben im Laserlabor zu Problemen. Ist die Probe auf dem optischen Tisch montiert, so kann die Probe mit dem menschlichen Auge nicht unter beliebigen Winkeln angesehen werden. Zudem ist zu berücksichtigen, dass die Probe so gut reflektiert, dass man beim Blick auf die Probe meist ein Spiegelbild der Umgebung wahrnimmt und nicht unbedingt die kleinen Linsenstrukturen auf der Probe. Der Ort des Laserstrahls auf der Probe kann daher nur im halbdunklen Licht gesehen werden, das zu keinen deutlichen Reflektionen der Umgebung im Filter führt. Dann kann die Position der Linsen auf der Probe einigermaßen erahnt werden. Gleichzeitig sieht man deutlich, an welcher Stelle der Laserstrahl die Probe verlässt bzw. in die Probe eintritt. Nun muss nur noch eindeutig zugeordnet werden, entlang welcher Linsenreihe der Laserstrahl austritt. In Abbildung 3.17 ist zu erkennen, dass ein Bild jedes Linsenarrays an der Probenrückseite reflektiert wird, d.h. de facto sieht man versetzt zu den realen Linsenarrays noch zwölf Bilder von Linsenarrays. Eine Unterscheidung zwischen realem Linsenarray und Spiegelbild eines Linsenarrays ist nur anhand des Messergebnisses hinter der Probe eindeutig möglich.

3.1.4 CHARAKTERISIERUNG

Es wurde ein optischer Messplatz aufgebaut, an dem gemessen werden kann, ob der Dünnschicht-Laserscanner einen Laserstrahl wie geplant ablenken kann (siehe Abbildung 3.18). Der Messplatz ermöglicht anhand eines in der Wellenlänge verstimmbaren Ti:Saphir-Lasers die Charakterisierung der hergestellten Laserscanner-Prototypen. Im Folgenden wird zunächst der Messplatz vorgestellt und im Anschluss werden die Messergebnisse vorgestellt, die die Funktionsweise des Laserscanner-Prototypens belegen.

Der Ti:Saphir-Laser wird bei einer Wellenlänge von 532 nm gepumpt. Über die Drehung einer doppelbrechenden Optik im Resonator wird die Ausgangswellenlänge des Ti:Saphir-Lasers anhand einer Mikrometerschraube eingestellt. Im Wellenlängenbereich zwischen 725 nm und 850 nm ist das Durchstimmen mit großer Zuverlässigkeit möglich, wobei die Intensität des Laserstrahls vom Wellenlängenbereich abhängt und bei einzelnen Wellenlängen deutlich schwankt. Es wurde mit einer vergleichsweise geringen Laserleistung von einigen μW gemessen, um einerseits den Silberspiegel nicht zu zerstören, andererseits den Eintreffort des Laserstrahls möglichst eindeutig identifizieren zu können. Denn je höher die Strahlintensität ist, desto mehr wird das menschliche Auge von dem Streulicht am Eintreffort geblendet, wodurch die Ortsauflösung geringer wird. Daher ist die Justage des Laserstrahls bei geringer Laserleistung am zuverlässigsten möglich. Ein Strahlteiler zweigt einen Teil des Laserstrahls ab, so dass über einen Monochromator jeweils die aktuelle Wellenlänge des Lasers bestimmt werden kann. Der Laserstrahl wird über die Linsen L1 und L2 auf einen Durchmesser von ca. 2 cm aufgeweitet. Die externe Einkoppellinse L3 fokussiert den Strahl auf die Probe. Hinter der Probe bildet die Linse L4 (f = 35 mm) die Strahlen auf die CCD ab. Daher kann die Strahlposition hinter der Linse L4 über eine einzelne, statische CCD-Kamera detektiert werden. Bei der Auswertung der Strahlposition auf der CCD-Kamera muss berücksichtigt werden, dass durch die Linse L4 eine Skalierung der Verschiebung durch den dispersiven Filter um einen Vergrößerungsfaktor F auftritt. Eine Kalibrierung dieses Faktors F erfolgt durch manuelle Verschiebung des Startpunkts der Messungen um eine definierte Strecke in x-Richtung. Um auch die durch die Mikrolinse verursachte Verschiebung auf der CCD-Kamera zu quantifizieren, wird die Messung mit einer Simulation des optischen Aufbaus mit der Software LightTools® verglichen. Eine Unsicherheit bezüglich der genauen Beschreibung der geometrischen Situation besteht bezüglich der exakten Beschreibung der Brechkraft der Auskoppel-Mikrolinse und bezüglich des exakten Abstands zwischen der Linse L4 und der Probe.

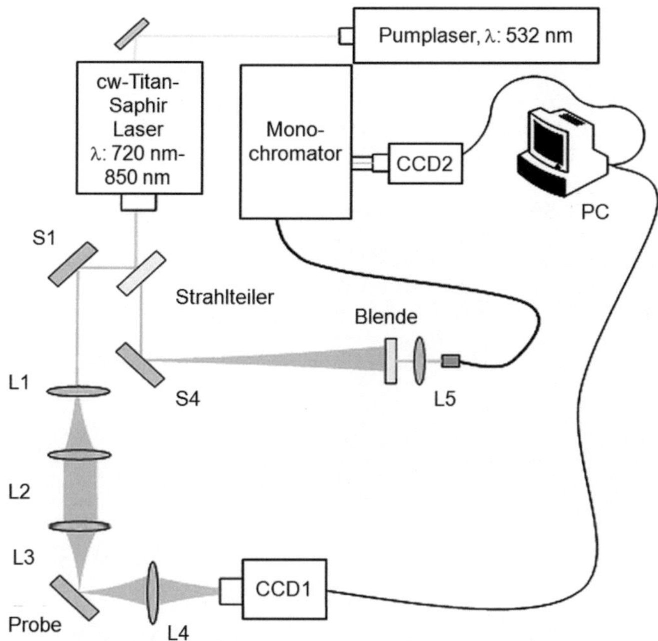

Abbildung 3.18: Optischer Messplatz zur Bestimmung der Verschiebungscharakteristik von Dünnschichtfiltern.

Die Quantifizierung der gemessenen Verschiebung erfolgt über die Bestimmung der Pixelanzahl, die an der CCD-Kamera durchlaufen wird. In Folge wird die Anzahl der Pixel mit der in einer Kalibrationsmessung ermittelten Breite eines CCD-Pixels von 12 μm multipliziert. Die an der CCD-Kamera gemessene Ortsänderung des Laserstrahls wird mit der Größe s_{CCD} in Mikrometern angegeben.

Um das Funktionsprinzip des vorgestellten Laserscanners nachzuweisen, wurde der einfallende Laserstrahl so fokussiert, dass ein längliches, senkrecht ausgerichtetes Strahlprofil auf eine auskoppelnde Mikrolinse fällt (Abbildung 3.19).

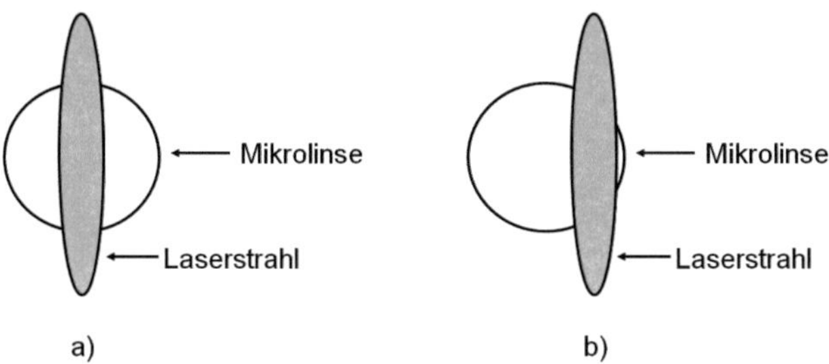

Abbildung 3.19: Schematische Darstellung des auf die Mikrolinse treffenden Laserstrahls für die zwei Positionen a) und b).

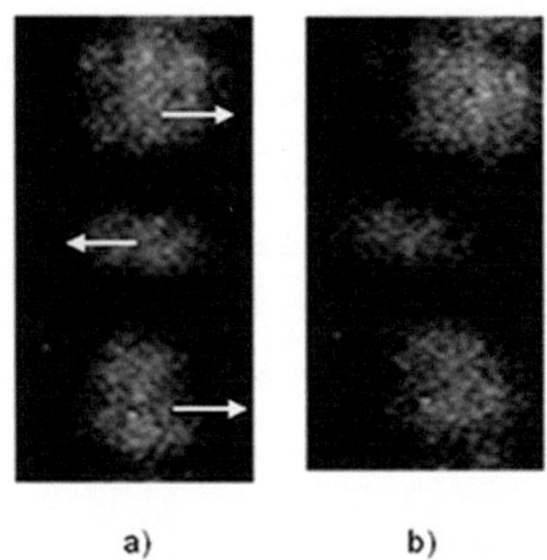

Abbildung 3.20: CCD-Bild für die zwei Laserstrahlpositionen a) und b). Der mittlere Strahlanteil trifft auf die Mikrolinse und wird daher gegenläufig zu den Randanteilen abgelenkt (Kontrast und Helligkeit der CCD-Bilder elektronisch nachbearbeitet; die hellen Pfeile sind zur Orientierung eingezeichnet).

Licht, das auf die Randbereiche der Mikrolinse trifft, kann diese auf Grund von Totalreflektion nicht passieren bzw. wird gestreut. Daher sind hinter dem Laserscanner de facto drei Lichtflecken zu sehen, die mit Veränderung der Wellenlänge auf der CCD-Kamera gegenläufig hin und her wandern (Abbildung 3.20). Der Strahlquerschnitt auf der CCD ist nie flächig ausgeleuchtet, sondern zeigt immer ein etwas verrauschtes Bild. Bei Laserstrahlung handelt es sich um kohärentes Licht. Daher interferieren lokal die Anteile des Strahls mit sich selbst, wenn der Strahl auf eine Oberfläche trifft. Es entsteht das für Laserstrahlung typische „Speckle"- Muster mit Intensitätsmaxima und Intensitätsminima innerhalb des Strahlquerschnitts [86]. Der die Mikrolinse passierende Strahlanteil wird entgegengesetzt zu dem oberen und unteren Strahlabschnitt abgelenkt. Auf diese Weise ist in der Messung eindeutig zu erkennen, welche Laserstrahlablenkung durch das Passieren der Mikrolinse entsteht und welche Ablenkung allein durch die Dispersion des Dünnschichtfilters bedingt ist. Die Messung mit einem länglichen, vergleichsweise großen Strahldurchmesser ermöglicht die Charakterisierung des Laserscanners auch ohne Einsatz einer flexiblen Mikroskopeinheit zur mikrometergenauen Bestimmung der Austrittsposition des Laserstrahls.

Gemessen wurde im Wellenlängenbereich von 760 nm bis 775 nm, da hier eine deutliche Verschiebung des Laserstrahls durch den Dünnschichtfilter mit der Wellenlänge zu erkennen ist. Je Wellenlänge wurde ein Bild mit der CCD-Kamera aufgenommen, um so die zugehörige Strahlposition zu protokollieren (Abbildung 3.21).

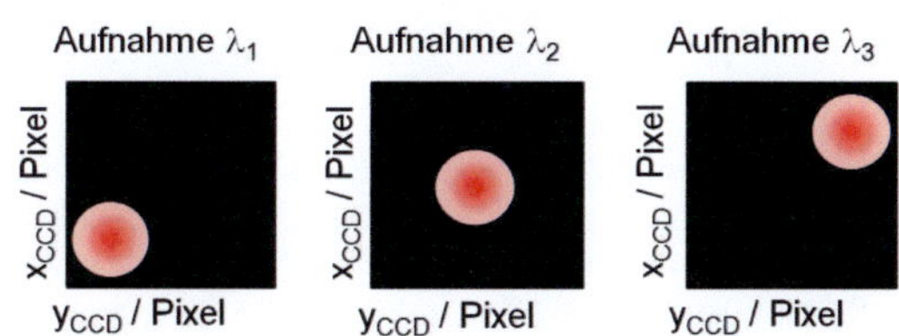

Abbildung 3.21: CCD-Aufnahmen des je nach Wellenlänge örtlich verschobenen Laserstrahls (Schematische Darstellung).

Da der Standort der CCD-Kamera während der Messung nicht verändert wurde, kann durch automatisierte Auswertung der einzelnen Bilder im Rahmen eines MATLAB (MathWorks™, Natick, USA)-Programms der Intensitätsverlauf des Strahls auf der CCD-Kamera in einer Art Säulendiagramm dargestellt werden (Abbildung 3.22). Dieses wird wiederum mit MATLAB ausgewertet um die jeweiligen Strahlschwerpunkte der einzelnen Intensitätsbilder zu ermitteln. Aus der Zusammensetzung der Orte der Strahlschwerpunkte ergibt sich dann das Diagramm der Ablenkung s_{CCD} über der Wellenlänge (Abbildung 3.23).

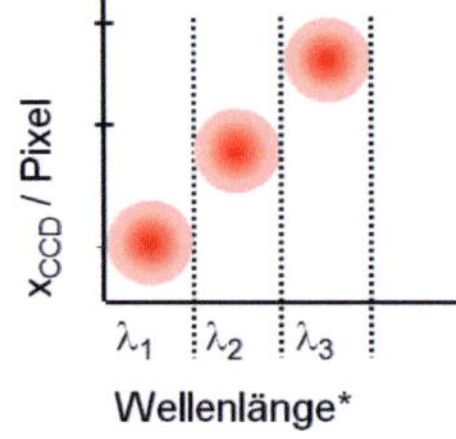

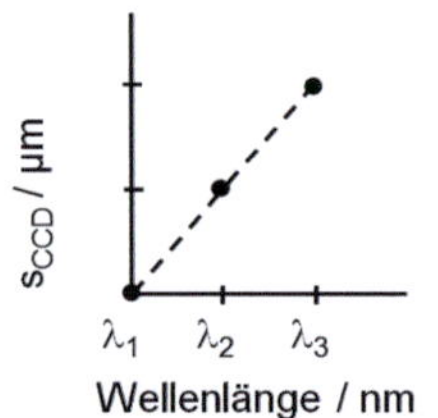

Abbildung 3.22: Erstellung eines Säulendiagramms aus den relevanten CCD-Bildausschnitten für jede einzelne Wellenlänge λ.

Abbildung 3.23: Aus den Strahlschwerpunkten aus der Darstellung von x_{CCD} über der Wellenlänge ergibt sich das Diagramm s_{CCD} über der Wellenlänge. Die Verbindung der Strahlschwerpunkte verdeutlicht den Verlauf der gemessenen Ablenkungscharakteristik.

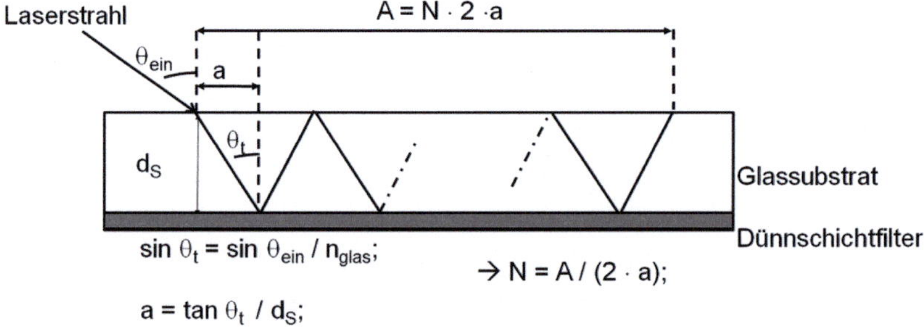

Abbildung 3.24: Abschätzung der Anzahl N der Reflektionen des Laserstrahls im Dünnschichtfilter auf einer Strecke A = ca. 1,1 cm und bei einem Einfallswinkel θ_{ein} = 45°. Der Einfluss der Verschiebung durch den Dünnschichtfilter und die Dicke des Dünnschichtfilters ist gegenüber der Substratdicke d_S = 1 mm vernachlässigbar.

Der Nullpunkt des Wertes s_{CCD} wird für die folgenden Messungen auf unterschiedliche Höhenlinien im CCD-Bild festgesetzt. Die Definition des jeweiligen Nullpunkts ist in der Beschreibung der Graphik jeweils erwähnt. Die Ausgangsposition des Strahls bei 760 nm wurde für die Messungen P_2 und P_3 mit einer Verschiebeeinheit um plus bzw. minus 10 µm gegenüber der Messung P_1 verschoben. Auf diese Weise ist ein quantitativer Vergleich der Verschiebung durch den Dünnschichtfilter mit der Skalierung der mechanischen Verschiebeeinheit, auf der die Probe montiert ist, möglich.

Das Zählen der Anzahl der Reflektionen im Bauteil ist erschwert, da die Reflektionen am Frontspiegel kein erkennbares Signal mehr an die Oberfläche lassen. Daher kann die Anzahl der Reflektionen nur anhand der Strecke zwischen Ein- und Austrittsort abgeschätzt werden (Abbildung 3.24). Die Distanz A beträgt ca. 1,1 cm. Der Brechungsindex des Glassubstrats beträgt n_{glas} = 1,5, die Dicke des Glassubstrats d_S = 1 mm und der Einfallswinkel θ_{ein} = 45°. Daraus folgt eine Anzahl von N = 11 Reflektionen innerhalb dieser Distanz.

Strahlanteil, der außerhalb der Mikrolinse austritt

Zunächst werden die Messergebnisse des Strahlanteils, der außerhalb der Mikrolinse austritt, präsentiert. Die Austrittsposition dieses Strahlabschnitts wird durch die Reflektionen am dispersiven Dünnschichtfilter in x-Richtung verschoben. In Abbildung 3.25 sind die Ablenkungskurven des Laserstrahls beim Durchstimmen der Wellenlänge für die drei Messungen P_1, P_2 und P_3 dargestellt. Die Ausgangsposition des Strahls beim Eintritt in das Laserscannerbauteil wurde für die Messungen P2 und P3 mit einer Verschiebeeinheit um plus bzw. minus 10 μm in x-Richtung verschoben. In Form von Säulendiagrammen (siehe Abbildung 3.22) aus den relevanten CCD-Bildausschnitten sind die resultierenden Ablenkungen nach dem Durchlaufen des Dünnschichtfilters aufgetragen. Dargestellt ist damit eine Intensitätsgraphik mit der Skalierung x_{CCD} über der Wellenlänge.

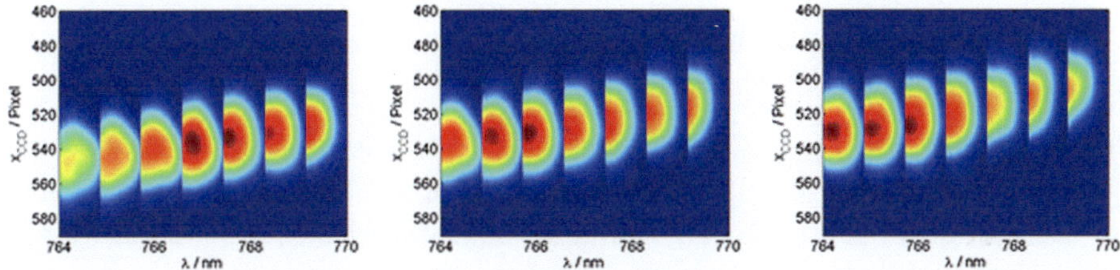

Abbildung 3.25: Säulendiagramme aus den relevanten CCD-Bildausschnitten analog zur schematischen Darstellung in Abbildung 3.22. Daraus ergeben sich die Ablenkungskurven des Laserstrahls beim Durchstimmen der Wellenlänge für die drei Messungen P_1, P_2 und P_3, deren Ausgangsort auf der Probe jeweils um 10 μm gegeneinander verschoben ist. Der betrachtete Strahlanteil passiert nur den dispersiven Filter, keine Mikrolinse. x_{CCD} ist die Pixelanzahl an der CCD-Kamera, die vom Strahl durchlaufen wird.

Die Messung zeigt, dass der Dünnschichtfilter in Abhängigkeit von der Wellenlänge wie geplant eine Verschiebung der Austrittsposition in x_{CCD}-Richtung aufweist. Der Laserstrahl bewegt sich mit Zunahme der Wellenlänge in negative x_{CCD}-Richtung. Die Verschiebung des Anfangsorts der Messung um jeweils 10 μm bewirkt auch hinter der Probe eine Verschiebung des Austrittsorts des Laserstrahls. Von der Messung P_1 zur Messung P_2 wandert z.B. der Auftreffort in negative x_{CCD}-Richtung. Ebenso wandert der Auftreffort von der Messung P_2 zur Messung P_3 weiter in negative x_{CCD}-Richtung. Während der drei Messungen P_1, P_2 und P_3 erfolgt keine Nachjustage des Ti:Saphir-Lasers oder der CCD-Kamera. Um die drei Messungen quantitativ zu vergleichen, werden, wie oben beschrieben, die jeweiligen Strahlschwerpunkte der Intensitätsgrafiken ermittelt und in ein gemeinsames Diagramm eingetragen (Abbildung 3.26).

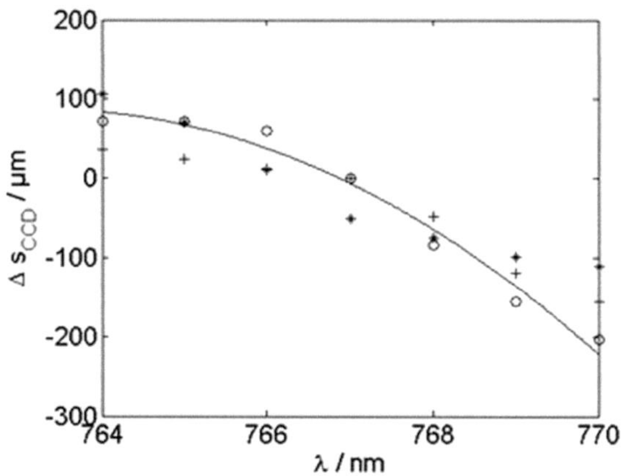

Abbildung 3.26: Ablenkkurven des Laserstrahls für die Messungen P_1 (Kreise), P_2 (Kreuze) und P_3 (Sterne) und eine Hilfslinie, die den Kurvenverlauf anzeigt.

Der Nullpunkt von s_{CCD} wurde jeweils auf den niedrigsten Messwert der einzelnen Messung gesetzt. Damit sollten theoretisch die Kurvenverläufe der Messungen P_1, P_2 und P_3 identisch sein. Mit Blick auf Abbildung 3.26 wird daher deutlich in welchem Rahmen die Messgenauigkeit der verwendeten Auswertemethode der CCD-Bilder liegt. Da die drei Messkurven theoretisch genau aufeinander liegen sollten, resultiert daraus bei dieser Messung eine Messgenauigkeit von ± 3 Pixeln bzw. ca. $\pm 36\,\mu m$ für den Kurvenverlauf auf der CCD-Kamera. Die Ursache hierfür liegt einerseits in der maximalen Auflösung von $12\,\mu m$, bedingt durch die Pixelgröße der CCD-Kamera. Hinzu kommt, dass das Laserstrahlprofil nicht immer alle getroffenen CCD-Pixel gleichmäßig ausleuchtet. Daher muss vor der Auswertung der Daten über den Strahldurchmesser gemittelt werden, wobei sich der resultierende Strahlmittelpunkt etwas verschieben kann. Je größer der Strahldurchmesser ist, der auf die CCD-Kamera trifft, desto wahrscheinlicher ist eine leichte Verschiebung des Strahlmittelpunkts durch den Auswertungsprozess. Im Rahmen der Messgenauigkeit wird dennoch deutlich, dass der dispersive Filter bei Verschiebung des

Ausgangspunkts der Messungen um 10 μm jeweils dieselbe Ablenkungscharakteristik zeigt. Das untersuchte Laserscannerbauteil wurde unter Verwendung des in Kapitel 2.4 (Filterdesign) und Kapitel 2.5 (Herstellung) vorgestellten dispersiven Dünnschichtfilters realisiert. Wie oben dargelegt, reflektiert der Laserstrahl innerhalb des Bauteils zwölfmal an dem dispersiven Dünnschichtfilter. Die in den Messungen P_{1-3} festgestellte Verschiebung zwischen 764 nm und 770 nm beträgt ca. 250 μm. Die Verschiebung pro Reflektion am Dünnschichtfilter wäre damit ca. 22 μm. In der simulierten Verschiebungskurve in Abbildung 2.4 ist im Bereich zwischen 750 nm und 800 nm ein maximaler Ablenkungsbetrag von ca. 20 μm zu erwarten. Damit ist die gemessene Verschiebung so groß wie erwartet.

Strahlanteil, der die Mikrolinse durchläuft

Im Folgenden werden die Messergebnisse des Strahlanteils dargestellt, der sowohl durch den dispersiven Dünnschichtfilter als auch durch die Mikrolinse abgelenkt wird. Die Verschiebung der Austrittsposition durch den dispersiven Dünnschichtfilter erfolgt analog zu den in Abbildung 3.25 und Abbildung 3.26 gezeigte Verschiebungskurven. Anschließend übersetzt die Mikrolinse diese Verschiebung in die entgegengesetzte Richtung und vergrößert bzw. verkleinert je nach Ort der CCD-Kamera den Absolutwert der Verschiebung. Die Ablenkungskurven des Laserstrahls beim Durchstimmen der Wellenlänge sind für die drei Messungen P_1, P_2 und P_3 in Abbildung 3.27 dargestellt. Aufgetragen sind die Ablenkungen als Säulendiagramm der Intensitätsgrafiken mit der Skalierung x_{CCD} über der Wellenlänge λ.

Die Intensitätsgrafiken in Abbildung 3.27 zeigen eine Strahlablenkung in x_{CCD}-Richtung. In Abhängigkeit vom Ausgangsort ergibt sich für die drei Messungen ein unterschiedlicher Verlauf der Strahlablenkung. Insbesondere im Wellenlängenbereich von ca. 768 nm nach 770 nm bewegt sich der Laserstrahl bei allen drei Messungen in positive x_{CCD}-Richtung. Damit verläuft die Bewegungsrichtung gegenläufig zur obigen Messung (Abbildung 3.25 und Abbildung 3.26). Die Verschiebung des Eintrittsorts des Laserstrahls auf die Probe um jeweils 10 μm bewirkt auch hinter der Probe eine Verschiebung des Austrittsorts des Laserstrahls. Von der Messung P_1 zur Messung P_2 wandert z.B. der Austrittsort aus dem Dünnschichtfilter in negative x_{CCD}-Richtung. Ebenso wandert er von der Messung P_2 zur Messung P_3 weiter in negative x_{CCD}-Richtung. Während der drei Messungen P_1, P_2 und P_3 erfolgt keine Nachjustage des Ti:Saphir-Lasers oder der CCD-Kamera. Da der Laserstrahl allerdings auch die an der Oberfläche des Dünnschichtfilters direkt anschließende Mikrolinse durchläuft, kehrt sich die Bewegungsrichtung des Strahls durch die Abbildung an der Mikrolinse um.

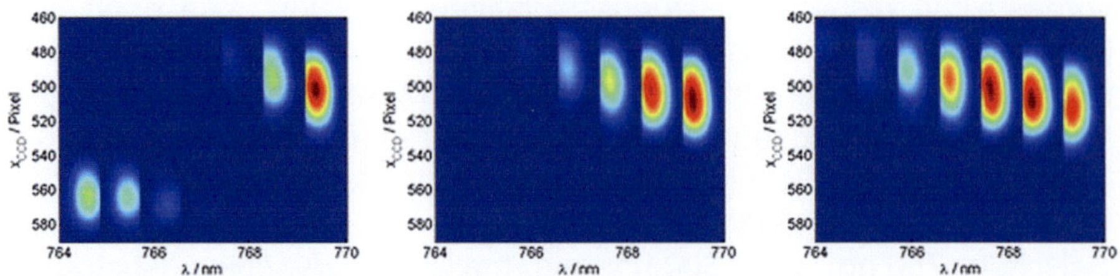

Abbildung 3.27: Ablenkung des Laserstrahls beim Durchstimmen der Wellenlänge für die drei Messungen P_1, P_2 und P_3, deren Ausgangsort auf der Probe jeweils um 10 μm gegeneinander verschoben ist. Der betrachtete Strahlanteil passiert sowohl den dispersiven Filter als auch eine Mikrolinse. x_{CCD} ist die Pixelanzahl an der CCD-Kamera, die vom Strahl durchlaufen wird.

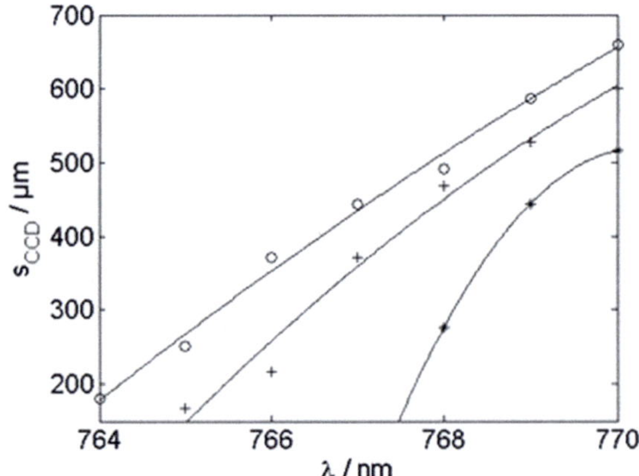

Abbildung 3.28: Ablenkkurven des Laserstrahls für die Messungen P_1 (Kreise), P_2 (Kreuze) und P_3 (Sterne) für den Strahlanteil, der sowohl den dispersiven Filter als auch die Mikrolinse passiert. Dargestellt sind sowohl die ausgewerteten Messpunkte als auch jeweils eine quadratische Hilfslinie.

Um die drei Messkurven quantitativ zu vergleichen werden wie oben beschrieben die jeweiligen Strahlschwerpunkte der Intensitätsgrafiken ermittelt und in ein gemeinsames Diagramm eingetragen. Die Überlagerung der drei ausgewerteten Messkurven (Abbildung 3.28) zeigt, dass die Ablenkungsprofile der drei Messungen, die die Mikrolinse passieren, in etwa parallel entlang der Wellenlängenachse verschoben sind. Die Messung P_3 ist besonders deutlich gegenüber den anderen beiden Messungen verschoben. Für diese Verschiebung des Ablenkungsprofils ist die Mikrolinse verantwortlich. Durch die Verschiebung des Ausgangsorts der Messung um jeweils 10 μm trifft der Laserstrahl bei den drei Messungen auf leicht versetzte Abschnitte der Mikrolinse und wird folglich auch unterschiedlich stark abgelenkt.

Bei der Messung P_1 trifft der Laserstrahl ab Wellenlänge 764 nm auf die gekrümmte Oberfläche der Mikrolinse und wandert beim Durchstimmen der Wellenlänge bis auf 770 nm über die Mikrolinse. Verschiebt man den Ausgangsort der Messung um 10 μm nach vorne (= P_2), so trifft der Laserstrahl erst ab ca. 765 nm auf die Mikrolinse. Daraus folgt, dass die Dispersion des Dünnschichtfilters den Strahl von 764 nm nach 765 nm um ca. 10 μm verschiebt. Der Laserstrahl der Messung P_3 trifft erst ab ca. 768 nm auf die Mikrolinse, d.h. die Dispersion des Dünnschichtfilters verschiebt den Laserstrahl von 765 nm nach 768 nm um ca. 10 μm. Aus dieser Messung folgt daher, dass die Dispersionskurve des Dünnschichtfilters im Bereich der Messung von 764 nm auf 765 nm steil ansteigt und zu 768 nm hin deutlich flacher wird.

Der Gesamtwert der Verschiebung im betrachteten Wellenlängenabschnitt von 764 nm bis 770 nm liegt hier mit ca. 600 μm deutlich höher als die gemessene Verschiebung des Laserstrahls ohne Mikrolinse an der Auskoppelposition. Das hängt damit zusammen, dass die Mikrolinse am Auskoppelort nicht nur die Ablenkungsrichtung umdrehen kann. Sie setzt zudem die laterale Verschiebung in unterschiedliche Winkel um. Die CCD-Kamera erfasst den Ort des Laserstrahls hier erst hinter der Mikrolinse, d.h. je weiter sie von dem Laserscannerbauteil entfernt ist, desto größer ist die Verschiebung des Laserstrahls an der CCD-Kamera. Da sich mit der Entfernung von dem Laserscannerbauteil gleichzeitig auch der Laserstrahl aufweitet, steht die CCD-Kamera bei dieser Messung dennoch nur einige Zentimeter entfernt von der Probe. Eine Gegenüberstellung der Messverläufe mit und ohne Mikrolinse am Austrittsort des Laserscanners erfolgt in Abbildung 3.29.

Hier ist sowohl die mit Offset in s-Richtung verschobene Ablenkkurve des Dünnschichtfilters für den Wellenlängenbereich 764 nm bis 770 nm aufgetragen, als auch die Ablenkkurven der drei Messverläufe, die auf Grund der Verschiebung durch den Dünnschichtfilter über eine Mikrolinse wandern. Die Ausgangsposition des Strahls wurde für die Messungen P_1 und P_3 mit einer Verschiebeeinheit um ± 10 μm gegenüber der Messung P_2 verschoben. Der räumliche Versatz zwischen den drei zugehörigen Dispersionskurven beträgt hingegen ca. 65 μm in s-Richtung. Das bedeutet, dass sich die Verschiebung durch die Abbildung mit der externen Linse L5 vor der CCD-Kamera vergrößert. Sie nimmt etwa um einen Faktor 6 von 60 µm Verschiebung am Austrittsort aus dem dispersiven Dünn-schichtfilter auf ca. 320 µm am Ort der CCD-Kamera zu. Eine Verschie-bung von 60 µm durch den Dünnschichtfilter entspricht einer Verschie-bung von ca. 5,4 µm pro Reflektion bei elf Reflektionen im Dünnschichtfil-ter. Die Simulation der Messanordnung aus einer externen Einkoppellinse L3 mit einer Brennweite von 50 mm und einer Auskoppellinse aus dem Fotolack SU8 mit einem Krümmungsradius von ca. 190 µm mit dem Pro-gramm ZEMAX™ ergibt für 60 µm Verschiebung durch den dispersiven Dünnschichtfilter einen Ablenkwinkel von 16° bzw. e ine Winkeländerung von 16%6 nm = 2,7%nm.

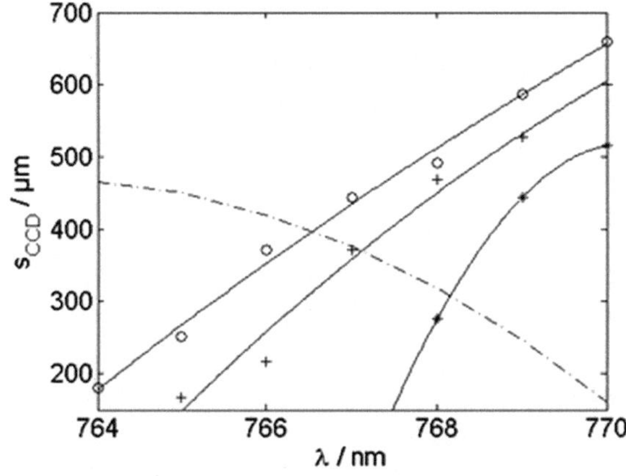

Abbildung 3.29: Gegenüberstellung der Verschiebung s durch den dispersiven Dünnschichtfilter (durchgezogene Kurven) bzw. durch den dispersiven Dünnschichtfilter und eine Mikro-linse (Strichpunktkurve mit Offset entlang der s-Achse) an den Ausgangspositionen P1 (Kreise), P2 (Kreuze) und P3 (Sterne) anhand von ausgewerteten Messpunkten und quad-ratischen Hilfslinien.

3.1.5 DISKUSSION

Die Messergebnisse zeigen, dass zum ersten Mal erfolgreich ein Prototyp des vorgestellten neuartigen Dünnschicht-Laserscanners realisiert wurde. Der Laserstrahl erfährt bei den Reflektionen zwischen dem Frontspiegel und dem dispersiven Dünnschichtfilter auf der Probenrückseite eine late-rale Verschiebung in Abhängigkeit von seiner Wellenlänge. Passiert der Laserstrahl beim Verlassen der Probe die integrierte Auskoppel-Mikrolinse, so wird er im Raum abgelenkt. Die erreichte Ablenkung im Raum ist mit 16° noch vergleichsweise gering. Die S imulationen im Abschnitt 3.2 zeigen auf, dass grundsätzlich auch Ablenkwinkel bis zu 70° erreichbar sind.

3.1.5.1 BEURTEILUNG DER ANFORDERUNGEN AN DAS MESSVERFAHREN

Um größere Ablenkwinkel mit einem realen Dünnschicht-Laserscanner zu erreichen, sind sowohl eine sehr gute, zuverlässige Qualität des fokussierten Laserstrahls notwendig als auch vergleichsweise aufwendige Verfahren zur Vermessung des optischen Systems. Generell zeigt sich, dass die Charakterisierung eines Mikrosystems mit Bauteilstrukturen im Bereich von 10 bis 100 μm hohe Anforderungen an die Messausrüstung stellt. Diese **geringen Strukturgrößen** in einem stationären Mikroskop zu untersuchen ist Stand der Technik. Entscheidend ist, dass die Probe unabhängig von ihrer Umgebung positioniert und abgelichtet werden kann. Im Messaufbau am optischen Tisch hingegen, muss die Probe in einer genau definierten Position befestigt sein. Zudem sind bestimmte Blickwinkel auf die Probe versperrt, da ein Ti:Saphir-Festkörperlaser verwendet wurde. Sowohl der Laser selbst als auch die für die Strahlaufweitung, Fokussierung und Intensitätsregulierung des Laserstrahls notwendigen optischen Aufbauten behindern einerseits die Sicht, andererseits die Handlungsfreiheit am optischen Tisch. Optimales Arbeiten mit diesen Strukturgrößen als Bestandteil eines optischen Systems ist aber nur möglich, wenn man z.B. bei der Messung auch genau definieren kann, an welchem Ort der Laserstrahl auf die Probe trifft. Die Laserstrahlposition auf der Probe kann insbesondere wegen der **Verspiegelung der Probenrückseite** und von großen Teilen der Probenvorderseite nur schwer bestimmt werden: Einerseits wird das Laserlicht auf den spiegelnden Flächen nur wenig gestreut und ist daher nicht leicht zu sehen, andererseits sind die Reflektionen an der Probenrückseite für den Betrachter schwer von den Reflektionen an der Probenvorderseite zu unterscheiden. Um überhaupt Messwerte aufnehmen zu können, müssen daher durch Variation der Probenposition verschiedene Eintrittspositionen abgerastert werden, bis irgendwann der Strahl tatsächlich auf eine Einkoppelposition am Rand des Frontspiegels trifft.

Die nächste Herausforderung stellt die **Fokussierung des Laserstrahls** dar. Der Dünnschicht-Laserscanner kann nur dann einen großen Ablenkwinkel erreichen, wenn der Strahldurchmesser in Relation zum Durchmesser der Auskoppellinse vergleichsweise gering ist. Da die durch den dispersiven Dünnschichtfilter erreichbare Verschiebung der Austrittsposition nur im Bereich von ca. 100 μm liegt, muss eine Mikrolinse ähnlichen Durchmessers zur Auskopplung herangezogen werden. Daraus folgt, dass der Strahldurchmesser des austretenden Laserstrahls deutlich unterhalb von 100 µm liegen muss. Berücksichtigt man die Beugung, so wird klar, dass ein so schmaler Laserstrahl nicht einfach über die gesamte Reflektionsstrecke im Dünnschichtfilter bis hin zur Auskoppellinse realisierbar ist. Eine örtliche Fokussierung des Laserstrahls auf z.B. einen Durchmesser von ca. 10 µm ist möglich und aus anderen Versuchen durchaus bekannt und umsetzbar. Bei der Charakterisierung von semitransparenten Proben unter dem Mikroskop ist z.B. eine sehr präzise Einstellung der Probenposition und die unmittelbare, zuverlässige Messung des Laserstrahldurchmessers über ein in die Mikroskopaufnahme eingeblendetes Raster möglich. Bei der in der Ebene verlaufenden Messanordnung am optischen Tisch für den Dünnschicht-Laserscanner liegen andere Bedingungen vor. Es wurden Referenzmessungen des Strahldurchmessers vorgenommen. Allerdings ändert sich ein auf ca. 10 µm oder auch nur 50 µm fokussierter Laserstrahl auf einer Skala von Millimetern sehr rasch. Für die Referenzmessung wird nicht das originale Bauteil verwendet. Die Referenzmessung fand daher zwar am selben Platz statt wie das Originalbauteil, allerdings ist eine Präzision weit unter 1 mm beim Umstecken der beiden Bauteile nicht erreichbar, insbesondere, da das Design des Referenzdetektors nicht identisch mit dem Originalbauteil möglich ist. Der Laserstrahl kann daher zwar im Bereich der Probe stark fokussiert werden, eine absolute Gewissheit darüber welchen Durchmesser er beim Passieren der Auskoppellinse hat, bekommt man allerdings nicht. Es können nur Rückschlüsse aus dem Messergebnis gezogen werden. Durch die starke Fokussierung des Laserstrahls reagiert das gemessene optische System auch besonders empfindlich auf geringfügige Dejustierungen.

Der Laserstrahl hinter der Probe ist nur dann auf der CCD-Kamera sichtbar zu machen, wenn er ausreichend gebündelt auf die **CCD-Kamera** trifft. Auf Grund des benötigten sehr geringen Strahldurchmessers von idealerweise weniger als 50 µm, muss der Laserstrahl sehr stark auf die Probe fokussiert werden. Das hat zur Folge, dass der Strahl sich hinter der Probe sehr stark aufweitet und damit nicht direkt auf einer dahinter platzierten CCD-Kamera sichtbar gemacht werden kann, wenn er nicht zuvor wieder gebündelt wird durch eine weitere externe Linse zwischen Auskoppellinse und CCD-Kamera. Die CCD-Kamera selbst muss sehr empfindlich sein, um den nach dem Durchlaufen der Probe an Intensität deutlich abgeschwächten Laserstrahl detektieren zu können. Eine Referenzmessung nach nur einer Frontreflektion an der Probe kann damit nicht mit denselben Einstellungen gemacht werden, wie die Messung nach den internen Reflektionen im Laserscannerbauteil: Einerseits durchläuft der Referenzstrahl eine deutlich kürzere optische Wegstrecke und muss daher durch eine andere externe Linse auf die CCD-Kamera gebündelt werden. Andererseits ist die **Intensität des Laserstrahls** bei nur einer Reflektion am Dünnschichtfilter so stark, dass mehrere Graufilter bzw. auch eine Intensitätsreduktion durch Reflektion an einem Quarzplättchen notwendig sind um ihn überhaupt als Einzelstrahl auf der CCD-Kamera sichtbar zu machen. Denn für einen stabilen Betrieb des Festkörperlasers ist eine Mindestintensität des Laserstrahls notwendig. Die Veränderung der Intensität durch weitere Bauelemente wie Graufilter oder Quarzplättchen hat jedoch einerseits den Nachteil, dass hierfür ausreichend Platz im optischen Strahlengang benötigt wird – im Bereich hinter der Probe ist das z.B. fast nicht möglich, ohne an die Probe oder die CCD-Kamera zu stoßen und damit die Gefahr einer Dejustierung einzugehen. Und bei der Verwendung mehrerer Graufilter besteht immer die Gefahr, dass Interferenzmuster im Strahlprofil das Messergebnis beeinträchtigen.

Als Ortsreferenz bei der Vermessung kann die **Laserstrahlposition** nicht verwendet werden, obwohl die Probenposition im optischen Aufbau mit μm-Schrauben sehr gut reproduzierbar ist. Denn der Ti:Saphir-Laser muss bei jedem Neustart etwas nachjustiert werden. Einige interne Mikroschrauben halten ihre Spannung nicht über mehrere Tage konstant. Das Justieren hat zur Folge, dass Laserstrahlform und Fokussierung an unterschiedlichen Messtagen immer leicht unterschiedlich sind und damit auch der Auftreffort des Laserstrahls auf der Probe nicht als Ortsreferenz genommen werden kann.

Zusammenfassend ist festzuhalten, dass die Charakterisierung eines Miniaturbauteils mit Strukturgrößen im Mikrometerbereich seine eigenen Herausforderungen birgt. Hauptproblem ist der benötigte sehr geringe Strahldurchmesser des Laserstrahls mit deutlich weniger als 100 μm. Dieser Durchmesser ist mit dem verwendeten Ti:Saphir-Laser zwar lokal gut erreichbar, allerdings auf Grund der Beugungsbegrenzung nicht über einen längeren Abschnitt der optischen Achse haltbar. Dadurch ergeben sich sowohl spezifische Probleme beim Systemdesign als auch bei der Strahldetektion zur Charakterisierung des Bauteils. Die zweite Hürde bei der Vermessung des Bauteils stellen die integrierten Front- und Rückspiegel dar. Diese machen es nahezu unmöglich die Strahlposition des Laserstrahls auf der Probe mit dem Auge exakt zuordnen zu können. Erschwerend ist hier natürlich auch die geringe Bauteilgröße, insbesondere die feine Mikrolinsenstruktur – Größenordnung ca. 50 μm - auf der Probe. Für eine eindeutige Zuordnung wäre hier ein optischer Mikroskopaufbau notwendig gewesen, der allerdings wiederum schwer mit dem makroskopischen Ti:Saphir-Laser auf den optischen Tisch integrierbar ist.

3.1.5.2 ERFOLGREICHES MESSVERFAHREN

Zielführend war letztendlich der Ansatz die Messung des Dünnschicht-Laserscanners mit einem Strahlprofil in der Größenordnung der Auskoppellinse durchzuführen. Die Wahl eines länglichen Strahlprofils über der Auskoppellinse ermöglicht es eine Relation zwischen der Strahlablenkung mit und ohne Passieren der Auskoppellinse herzustellen. Durch den Astigmatismus auf Grund des Schrägeinfalls auf die Probe ist ein längliches Strahlprofil des austretenden Laserstrahls sowieso vorhanden. Es muss nur noch an Hand des Bildes an der CCD-Kamera festgestellt werden, ob gerade ein horizontal oder senkrecht ausgerichtetes Strahlprofil beim Passieren der Auskoppellinse vorliegt.

Mit diesem Ansatz war es möglich, die oben gezeigten Messergebnisse und damit eine qualitative Bestätigung des Dünnschicht-Laserscanners zu erzielen und auch einzelne quantitative Aussagen zu machen.

3.1.5.3 VERBESSERUNGSANSÄTZE ÜBER DAS SYSTEMDESIGN

Für die erfolgreiche weitere Verbesserung des Dünnschicht-Laserscanners wird eine entsprechend **kompakte, durchstimmbare Laserquelle** benötigt, die sowohl konstante Leistung und gleichbleibende Strahlqualität liefert als auch so klein ist, dass ein mikroskopischer Aufbau in den Messplatz integriert werden kann.

Das **Design** des Dünnschichtfilters für den Laserscanner lässt nämlich viele Möglichkeiten offen, sowohl bezüglich des gewünschten Wellenlängenbereichs als auch der Verschiebungscharakteristik, die erreicht werden soll. Je nach Wellenlängenbereich können auch andere Materialien als SiO_2 und Ta_2O_5 zur Herstellung der Dünnschichtfilter herangezogen werden. Für den Infrarotbereich bietet sich z.B. die Verwendung von Silizium (Si) für die Schichten mit hohem Brechungsindex an. Bei Materialwahl und Design für die Schichten des Dünnschichtfilters ist zu berücksichtigen, dass die realisierbare Gesamtschichtdicke auf Grund von auftretenden Spannungen innerhalb der Einzelschichten und zwischen den Einzelschichten nach oben begrenzt ist.

Der vorgestellte Prototyp wurde unter Verwendung von **Reflow-Mikrolinsen** realisiert. Dieses Verfahren ermöglicht bei der Ausrichtung der fotolithographischen Maske am Mikroskop eine genaue Positionierung der Mikrolinsen auf dem Filter. Die Messung der Laserzerstörschwelle der Reflow-Mikrolinsen zeigte zudem, dass der Laserscanner mit den Reflow-Mikrolinsen bei einer Leistung von ca. 1 W betrieben werden kann, ohne die Linsen zu zerstören. Für eine langfristige Anwendung des Laserscanners empfiehlt es sich jedoch die Reflow-

Mikrolinsen durch ein Ätzverfahren in das Substrat zu übertragen. Damit kann sichergestellt werden, dass die Mikrolinsen ihre Geometrie nicht im Betrieb verändern, zudem wird der Laserscanner damit unempfindlich gegenüber Lösungsmitteln oder UV-Strahlung. Insbesondere könnte durch den Einsatz anderer Herstellungsverfahren das Profil der Ein- und Auskoppellinsen optimiert werden, was zu einer deutlichen Verbesserung des Strahlprofils der abgelenkten Strahlen führen würde.

Der **Ablenkbereich** des Laserscanners wird begrenzt durch das Zusammenspiel der Brennweite der Auskoppellinse, der zugrunde liegenden Verschiebung des dispersiven Dünnschichtfilters und des Strahldurchmessers des Laserstrahls beim Passieren der Mikrolinse. Zu berücksichtigten ist, dass die Randbereiche einer sphärischen Auskoppellinse nicht zur Strahlablenkung beitragen, da die auftreffenden Strahlen Totalreflektion erfahren. Entscheidend ist dabei die Strahlqualität des verwendeten Lasers und die Abstimmung der Fokalebenen der Ein- und Auskoppellinsen. Durch den Einsatz von optimierten Linsen bzw. Mikrolinsen zur Strahlein- und Strahlauskopplung kann die Strahlqualität hinter dem Laserscanner deutlich verbessert und gleichzeitig ein höherer Scan-Bereich erzielt werden.

Deutlich größere Ablenkungen als die gemessenen 2° pro Nanometer Wellenlängenänderung sind möglich, wenn eine höhere Dispersion im Bereich der verwendeten Wellenlänge erreicht wird. Kommerziell stehen jedoch nach wie vor noch keine geeigneten, **durchstimmbaren Laserdioden** im UV oder Visuellen Spektralbereich zur Verfügung. Nur im Bereich der Wellenlängen der optischen Nachrichtentechnik um 1550nm können durchstimmbare Laserdioden kommerziell erworben werden. Die Forschung arbeitet weiterhin an Konzepten, die eine Laserdiode durch Variation des injizierten Stroms durchstimmen. Besonders für die angestrebte kompakte Bauweise des Laserscanners wäre die direkte Integration einer durchstimmbaren Laserdiode ideal.

Das Konzept für einen **2D-Laserscanner**, der mit Hilfe eines Linienscans über ein optisches Array einen Raumscan durchführt, ist besonders attraktiv für die praktische Anwendung. Es wird im Kapitel 3.3.3 kurz vorgestellt. Anstatt des hier vorgeschlagenen Mikrolinsenarrays könnten auch andere optische Komponenten wie z.B. Spiegel als Array eingesetzt werden um den Laserstrahl gezielt im Raum abzulenken. Dadurch ist auch ein Scannen in Reflektion möglich.

3.2 SYSTEMOPTIMIERUNG ANHAND VON ZEMAX™- SIMULATIONEN

Die Qualität und damit die Einsatzfähigkeit des Laserscanners wird durch den erreichbaren Ablenkwinkel und die Strahldivergenz der abgelenkten Strahlen bestimmt. Das Design des Laserscanners in Dünnschichtbauweise wird daher im Folgenden im Hinblick auf diese beiden Parameter optimiert (3.2.2). Die Rahmenbedingungen der verwendeten Simulation werden im Abschnitt 3.2.1 vorgestellt.

Die Dispersion des gefertigten Dünnschichtfilters weicht jedoch möglicherweise geringfügig von den Soll-Vorgaben ab. Auch von der Anwenderseite kann im Nachhinein eine leichte Systemänderung gewünscht werden. In diesem Fall ist eine Systemkorrektur durch Anpassung des Einfallswinkels oder der Anzahl der Reflektionen im Dünnschichtfilter möglich (3.2.3). Die Ergebnisse der Simulationen werden im Abschnitt 3.2.4 diskutiert.

3.2.1 ANSATZ DER SIMULATION

Die Optik-Software ZEMAX™ (ZEMAX Development Corporation, Bellevue, USA) ermöglicht die Simulation des Strahlverlaufs in dem Laserscannerbauteil sowie die Bestimmung des erreichbaren Ablenkwinkels und der Strahldivergenz bei gegebener lateraler Verschiebung des Laserstrahls durch den dispersiven Dünnschichtfilter. Unter Vorgabe fester Rahmenparameter können einzelne Optikkomponenten optimiert werden.

ZEMAX arbeitet auf der Grundlage angewandter Optik („physical optics"). Das zu simulierende System besteht folglich aus einer Ausgangsebene, einem abbildenden strahlenoptischen System und einer Zielebene - der Scanebene. Der Weg der Ausgangsstrahlen durch das optische System führt über sequentielle Strahlverfolgung („Raytracing") zur Scanebene. Die Strahlverteilung innerhalb dieser Ebene wird berechnet. Anschließend erfolgt die Integration der auftreffenden Strahlen in der Ebene, so dass Erkenntnisse über das Strahlprofil innerhalb dieser Ebene gewonnen werden können.

Abbildung 3.30 zeigt die Simulation des Laserscanners in ZEMAX. Die Simulation erfolgt anhand von Beispielstrahlen, die in dem Schema verschiedenfarbig dargestellt sind. Sieben örtlich gleich verteilte exemplarische Einzelstrahlen treten innerhalb des Verschiebungsbereiches um 0 bis 75 μm in x-Richtung versetzt aus dem Laserscanner. Ein Strahl wird durch den Verlauf von drei Linien dargestellt. Zwei Linien dienen jeweils der Begrenzung des Strahldurchmessers und eine Linie verläuft in der

Strahlmitte. Die RMS Divergenz eines Strahls hinter dem Laserscanner ergibt sich aus dem Winkel zwischen seinen zwei Begrenzungslinien. Beispielhaft sind die Divergenzwinkel des ersten und siebten Strahls, δ_{div_1} und δ_{div_2}, in der Schemazeichnung eingetragen. Der Ablenkwinkel α ergibt sich aus dem Winkel zwischen den Strahlmittellinien des ersten und letzten Strahls hinter dem Laserscanner.

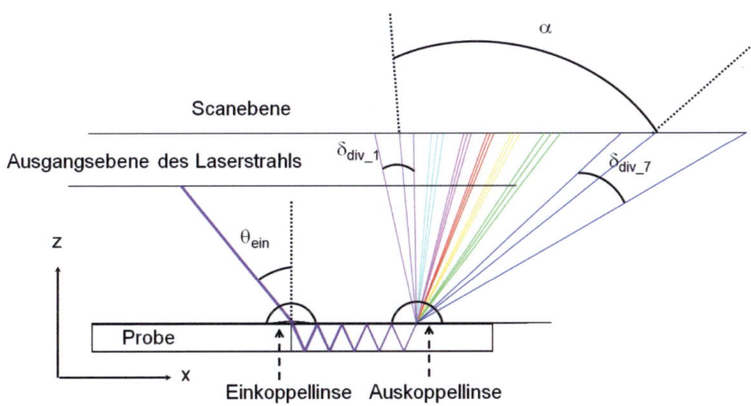

Abbildung 3.30: Beispiel für die Simulation des Laserscanners mit ZEMAX™.

Das untersuchte System (Abbildung 3.30) setzt sich zusammen aus Einkoppellinse, Glassubstrat mit dispersiver Beschichtung und Auskoppellinse. Analytisch betrachtet stellt die Kombination von Ein- und Auskoppellinse mit dem gefalteten Weg durch das Substrat eine Anordnung zur Strahlaufweitung dar, die mit dem Kepler-Fernrohr vergleichbar ist. Im Unterschied dazu sind hier die Ein- ("Objektiv") und Auskoppellinsen plankonvex und zusätzlich verkippt. Zwischen ihnen befindet sich das Substrat aus Quarzglas. Die Einkoppellinse erzeugt im Idealfall einen Fokus nahe der Auskoppellinse, der von dieser wieder kollimiert wird. Die Fokuslänge der Einkoppellinse muss an die Anzahl der Reflektionen im Bauteil angepasst sein. Je mehr Reflektionen durchlaufen werden, desto länger ist der zu berücksichtigende optische Weg bis zum Fokus der Auskoppellinse. Die Summe der Brennweiten der Ein- und Auskoppellinse entspricht im Idealfall der zurückgelegten Strecke im Glassubstrat.

Unabhängig von der Dispersion im Dünnschichtfilter wird basierend auf einer Abschätzung von M. Gerken [37] davon ausgegangen, dass die Strahlen unterschiedlicher Wellenlänge näherungsweise dieselbe Weglänge im Bauteil durchlaufen. Eine ausführlichere Untersuchung dieser Annahme erfolgt derzeit durch F. Glöckler [87]. In der Simulation wird daher die laterale Verschiebung der austretenden Strahlen durch den dispersiven Dünnschichtfilter über eine laterale Verschiebung der Auskoppellinse realisiert.

Der Ausgangsstrahl besitzt in den folgenden Simulationen einen Durchmesser von 100 μm und trifft unter einem Einfallswinkel θ_{ein} auf die Probe. Da die Dicke des Substrats mit 1 mm deutlich größer ist als die des Dünnschichtfilters mit ca. 8 μm wird eine Probendicke von 1 mm angenommen. Als Brechzahlen für das Substrat bzw. die Reflowlinsen wird zunächst n_{Linsen} = 1,55 und $n_{Substrat}$ = 1,46 gesetzt. Die Strahlverschiebung am Austrittsort wird realisiert durch einen entsprechenden Versatz der Auskoppellinse entlang der Probenoberfläche.

3.2.2 OPTIMIERUNG VON ABLENKWINKEL UND STRAHLDIVERGENZ

Auf der Grundlage der ZEMAX™-Simulationen wird der Einfluss verschiedener Designparameter auf die Strahldivergenz des abgelenkten Laserstrahls und den erreichbaren Ablenkwinkel untersucht. Konkret werden folgende Fragen in diesem Kapitel adressiert: Weshalb sind bifokale Linsen vorteilhaft (3.2.2.1), welchen Einfluss hat der Krümmungsradius der Auskoppellinse (3.2.2.2) und was bewirkt eine geringe Variation des Brechungsindexes der Linsen (3.2.2.3)?

3.2.2.1 BIFOKALE LINSEN

Die Dispersion des Dünnschichtfilters kann nur bei Betrieb des Laserscanners mit einem schräg einfallenden Laserstrahl genutzt werden. Werden sphärische Linsen zur Ein- und Auskopplung des Strahls verwendet, so weist der abgelenkte Strahl daher in Sagittal- und Meridionalebene unterschiedliche Brennweiten auf. Man erwartet folglich eine vergleichsweise hohe Strahldivergenz. Zum Ausgleich des durch den Schrägeinfall des Laserstrahls bedingten Astigmatismus bietet sich die Verwendung von bifokalen Linsen an. Abbildung 3.31 gibt einen Überblick zu dem Verlauf der Strahldivergenz des abgelenkten Laserstrahls bei Verwendung unterschiedlicher Linsenprofile. Vorgegeben wurde hierfür ein Einfallswinkel θ_{ein} von 45°, fünf Reflektionen des Strahls im Substrat, eine dispersive Verschiebung von 75 μm am Austrittsort und - unter der Annahme des Einsatzes von Reflow-Linsen aus AZ-Lack zur Auskoppelung - ein Krümmungsradius r der Auskoppellinse von ca. 55 μm. Die Krümmungsradien der jeweiligen Einkoppellinsen wurden jeweils so optimiert (sphärische Einkoppellinse: $r_y = r_x$ = 6,55663 mm; bifokale Einkoppellinse1: R_x = 5,27716 mm, R_y = 6,91968 mm), dass die abgelenkten Laserstrahlen hinter der Auskoppellinse eine möglichst geringe Divergenz aufweisen. Es ergibt sich für das Szenario mit sphärischen Linsen zur Ein- und Auskopplung eine Strahldivergenz zwischen 3,072° und 7,725° für die betrachteten, repräsentativen Ei nzelstrahlen. Der berechnete Ablenkwinkel beträgt 56,28°. Wird eine bif okale Einkoppellinse in Kombination mit der sphärischen Auskoppellinse verwendet, so führt das zu einer deutlichen Reduktion der Strahldivergenz auf Werte zwischen 0,062° und 0,441°. Zudem erhöht sich der Able nkwinkel auf 70,08°.

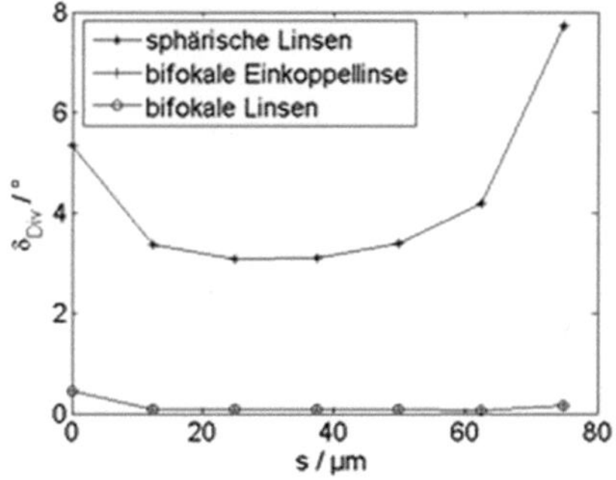

Abbildung 3.31: Strahldivergenzwinkel δ_{Div} für einzelne Strahlen, die durch den dispersiven Dünnschichtfilter jeweils um eine Strecke s abgelenkt wurden. Vorgabe für die Ein- und Auskoppellinsen sind hier: 1. sphärische Linsen zur Ein- und Auskopplung, 2. bifokale Einkoppellinse und sphärische Auskoppellinse, 3. bifokale Linsen zur Ein- und Auskopplung (Simulation jeweils für Reflow-Linsen aus AZ-Lack).

Wird sowohl zur Ein- als auch zur Auskopplung des Laserstrahls eine bifokale LInse elngesetzt (Einkoppellinse: R_x = 5,23659 mm, R_y = 6,91969 mm; Auskoppellinse: r_x = 0,09185 mm, r_y = 0,05500 mm), so führt das zu keiner weiteren Vergrößerung des Ablenkwinkels (α = 70,08°). Der Strahldivergenzwinkel ändert sich im V ergleich zum Szena-

[1] Die y-Richtung der Krümmungsradien verläuft parallel zur Dünnschichtfilteroberfläche, die x-Richtung verläuft senkrecht in die Austrittsoberfläche des Dünnschichtfilters hinein.

rio mit bifokaler Einkoppel- und sphärischer Auskoppellinse nur in der dritten Nachkommastelle.

Die Simulation zeigt folglich, dass der Einsatz einer angepassten bifokalen Einkoppellinse in Kombination mit einer sphärischen Auskoppellinse zu einer deutlichen Verbesserung der Strahldivergenz des abgelenkten Laserstrahls führt. Im Vergleich dazu erzielt man durch eine zusätzliche bifokale Anpassung der Auskoppellinse keine deutlich besseren Ergebnisse.

3.2.2.2 KRÜMMUNGSRADIUS DER AUSKOPPELLINSE

In Abhängigkeit von der Herstellungsmethode der Linsen zur Ein- und Auskopplung des Laserstrahls ist ein Krümmungsradius in unterschiedlichen Größenordnungen realisierbar. Angelehnt an die im Rahmen dieser Arbeit durch Reflow der Fotolacke AZ 4562 bzw. SU8 hergestellten Mikrolinsen wurden für die sphärischen Auskoppellinsen in der Simulation Werte zwischen 55 μm und 250 μm angenommen. Abbildung 3.32 stellt den Zusammenhang zwischen dem Krümmungsradius der Auskoppellinse und dem erreichbaren Ablenkwinkel bei einer möglichst geringen Strahldivergenz dar. Die Krümmungsradien der bifokalen Einkoppellinse wurden jeweils bezüglich der Strahldivergenz optimiert. Mit zunehmendem Krümmungsradius der Auskoppellinse müssen dabei im Gegenzug die Krümmungsradien der Einkoppellinse entlang beider Achsen in etwa um den Betrag verringert werden, um den der Krümmungsradius der Auskoppellinse vergrößert wird. Für Auskoppellinsen mit r = 55 μm ergeben sich damit die Krümmungsradien der Einkoppellinse zu R_x = 5,27716 mm und R_y = 6,91969 mm, mit r = 70 μm zu R_x = 5,25241 mm und R_y = 6,88023 mm und mit r = 250 μm zu R_x = 5,06499 mm und R_y = 6,67982 mm.

Abbildung 3.32 stellt den Verlauf von Strahldivergenz und Ablenkwinkel in Abhängigkeit vom Krümmungsradius der Auskoppellinse dar. Die Verringerung des Krümmungsradius von 250 μm auf 70 μm bewirkt einen leichten Anstieg der mittleren Strahldivergenz des abgelenkten Laserstrahls von 0,012° bis 0,060° auf 0,031° bis 0,070°. Durch eine weitere Reduktion des Krümmungsradius auf 55 μm vergrößert sich die mittlere Strahldivergenz deutlich um fast eine Größenordnung auf 0,062° bis 0,441°. Bei der Betrachtung der jeweils erreichbaren Ablenkwinkel stellt sich die Situation umgekehrt dar: Mit 70,08° ergibt sich der grö ßte Ablenkwinkel durch die Auskoppellinsen mit dem Krümmungsradius 55 μm. Bereits die Erhöhung des Krümmungsradius auf 70 μm bewirkt einen Rückgang des Ablenkwinkels um fast die Hälfte auf 39,24° und für e inen Krümmungsradius von 250 μm ist nur noch ein Ablenkwinkel von 12,48° realisierbar.

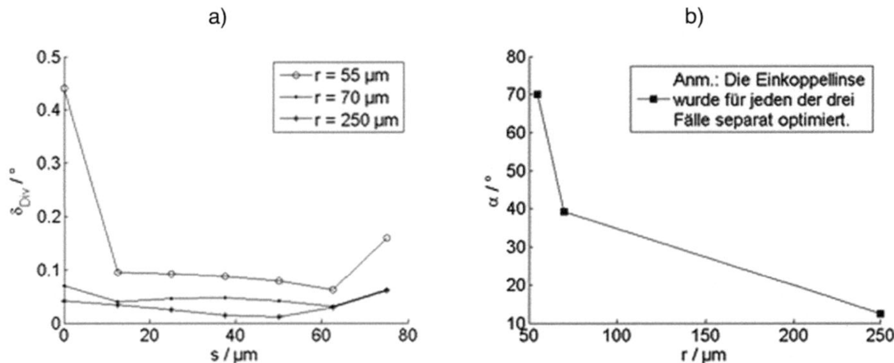

Abbildung 3.32: a) Strahldivergenzwinkel δ_{Div} für einzelne Strahlen, die durch den dispersiven Dünnschichtfilter jeweils um eine Strecke s abgelenkt wurden bzw. b) Ablenkwinkel des jeweils betrachteten Laserscanners (Simulation für Reflow-Linsen aus AZ-Lack, r: Krümmungsradius der sphärischen Auskoppellinse).

Die Simulation zeigt, dass eine zu starke Reduktion des Krümmungsradius der Auskoppellinse zwar einen recht hohen Ablenkwinkel ermöglicht, gleichzeitig allerdings die Strahlqualität abnimmt. Folgerichtig bietet es sich in Abstimmung mit dem angestrebten Anwendungsbereich des Laserscanners an, für die Auskoppellinse einen Krümmungsradius von 70 μm vorzusehen, der sowohl einen relativ hohen Ablenkwinkel von 39,24° als auch eine gute Strahlqualität mit einer Divergenz im Bereich von 0,031° bis 0,070° garantiert.

3.2.2.3 BRECHUNGSINDEX DER LINSEN

Durch die Wahl der Herstellungsmethode und des Linsenmaterials für die Ein- und Auskoppellinsen wird vorgegeben, welche Krümmungsradien realisierbar sind und welchen Brechungsindex die Linsen aufweisen. Inwieweit durch eine leichte Variation des Brechungsindexes eine Erhöhung des Ablenkwinkels erreicht werden kann, zeigt das folgende Beispiel. Verglichen werden zwei Laserscanner deren Linsen aus dem Lack AZ4562 (n = 1,55) bzw. dem Lack SU8 (n = 1,59) per Reflow-Verfahren hergestellt werden. Die Auskoppellinsen weisen jeweils einen Krümmungsradius von 250 μm auf. Die Krümmungsradien der bifokalen Einkoppellinsen sind bezüglich einer minimalen Strahldivergenz der abgelenkten Strahlen optimiert. Mit R_x = 5,06499 mm und R_y = 6,67982 mm fallen die Krümmungsradien der Einkoppellinse bei dem System mit AZ-

Linsen etwas geringer aus als bei dem System mit SU8-Linsen ($R_x =$ 5,41232 mm und $R_y =$ 7,12606 mm). Die Leistungsfähigkeit der beiden optischen Systeme unterscheidet sich aber im Endeffekt nur durch den unterschiedlichen Brechungsindex des Linsenmaterials.

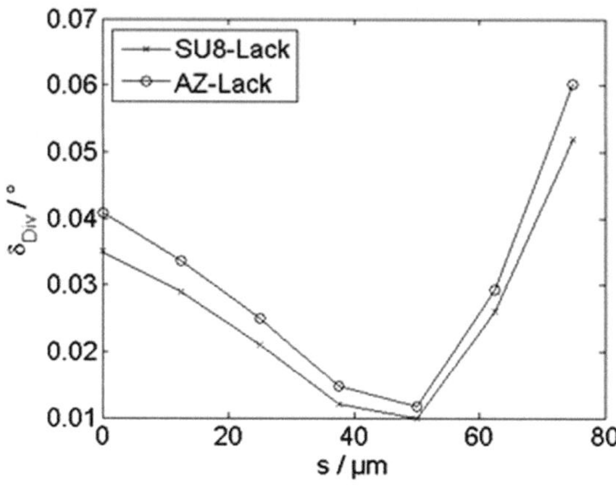

Abbildung 3.33: Strahldivergenzwinkel δ_{Div} für einzelne Strahlen, die durch den dispersiven Dünnschichtfilter jeweils um eine Strecke s abgelenkt wurden. Das Diagramm vergleicht die Strahldivergenzen für einen Laserscanner mit Auskoppellinsen aus AZ- bzw. SU8-Lack. Es wurde jeweils eine optimierte bifokale Einkoppellinse angenommen.

Abbildung 3.33 vergleicht die resultierenden Strahldivergenzwinkel der Laserscanner. Der höhere Brechungsindex der SU8-Linsen bewirkt eine geringere Strahldivergenz im Vergleich zu dem Laserscanner mit AZ-Linsen. Der erreichbare Ablenkwinkel nimmt jedoch mit der höheren Brechzahl des Linsenmaterials von 12,48° auf 12,45° ab. Durch eine leichte Erhöhung der Brechzahl der Linsen ist folglich eine geringfügige Anpassung der Strahldivergenz möglich, falls mit dem System diesbezüglich ein bestimmter Grenzwert erreichen werden soll.

3.2.3 ANPASSUNG DES ABLENKUNGSPROFILS

Im folgenden Abschnitt wird diskutiert, welche Strategien zum Ausgleich von Herstellungstoleranzen eingesetzt werden können. Toleranzbehaftet ist v. a. die Dispersion des Dünnschichtfilters, da eine Verschiebung des angestrebten Dispersionsprofils entlang der Wellenlängenachse um einige Nanometer auch bei idealen Produktionsbedingungen voraussichtlich unvermeidbar ist. Die gefertigten Dünnschichtfilter können trotz optischen Monitorings in ihrer Dispersion vor allem abseits des beim Monitoring überwachten Probenorts etwas von den theoretischen Vorgaben abweichen. Auch der optische Weg im Bauteil ist auf Grund der Varianz der Substratdicke nicht beliebig genau definierbar.

Es sind zwei unterschiedliche Strategien zur Anpassung des Ablenkprofils an die ursprünglichen Vorgaben möglich: Entweder kann über eine leichte Abweichung des Einfallswinkels vom ursprünglich vorgesehenen Wert die Verschiebungscharakteristik des Dünnschichtfilters um einige Nanometer verschoben werden oder man verwendet die Dispersionskurve in einem nicht optimierten Bereich und erhöht die Ablenkung des Laserstrahls durch die Verwendung von mehr Reflektionen im Bauteil als zunächst vorgesehen. Analog ist es möglich, dass von der Anwenderseite leichte Veränderungen des Systems gewünscht werden, die ggf. durch Anpassung des Einfallswinkels oder der Anzahl der Reflektionen umgesetzt werden können.

Um die Auswirkungen dieser Parameteränderungen auf Strahldivergenz und Ablenkwinkel abzuschätzen werden entsprechende Szenarien anhand von ZEMAX™-Simulationen beurteilt. Zunächst wird die Veränderung der Anzahl der Reflektionen im Dünnschichtfilter diskutiert (3.2.3.1), anschließend die Auswirkung einer Variation des Einfallswinkels (3.2.3.2).

3.2.3.1 VERÄNDERUNG DER REFLEKTIONEN IM DÜNNSCHICHTFILTER

Falls die Schichtdicken bei der Herstellung des dispersiven Dünnschichtfilters leicht von den im Design vorgesehenen Soll-Werten abweichen, ist es möglich, dass die Dispersion im angestrebten Wellenlängenbereich geringer ausfällt als geplant. Da die Verschiebung am Strahlaustrittsort direkt proportional zur Anzahl der Reflektionen im Dünnschichtfilter ist, kann durch eine Erhöhung der Reflektionsanzahl N dennoch die vorgesehene Gesamtverschiebung erreicht werden. Im folgenden Beispiel wird im Design eine Gesamtverschiebung von 75 μm zunächst nach fünf Reflektionen im Dünnschichtfilter vorgesehen, die über eine Auskoppellinse mit dem Krümmungsradius 70 μm (AZ-Lack) bzw. 250 μm (SU8-Lack) in einen Raumwinkel von 39,24° bzw. 12,45° übersetzt w ird. Es wird verglichen, inwieweit sich Strahldivergenz und Ablenkwinkel des Laserscanners verändern, wenn die Gesamtverschiebung über fünf, zehn oder fünfzehn Reflektionen im Dünnschichtfilter erreicht wird.

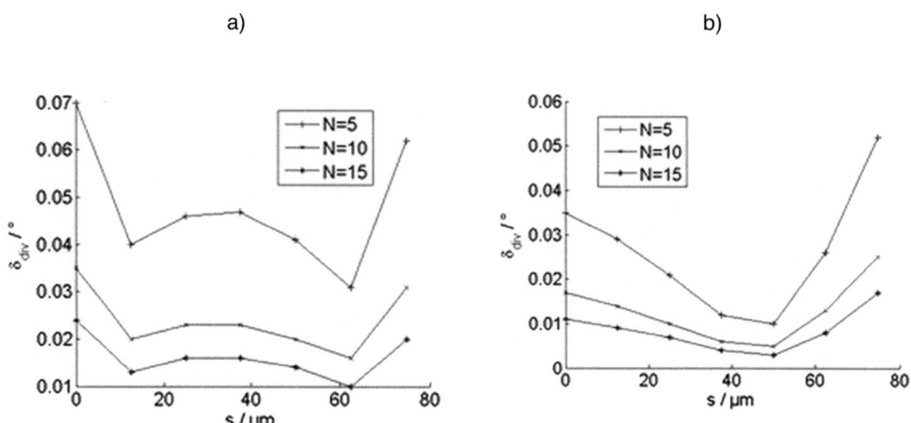

Abbildung 3.34: Strahldivergenz von Laserscannern mit Mikrolinsen aus a) AZ-Lack bzw. b) SU8-Lack, mit einer Strahlverschiebung von 75 μm nach N Reflektionen im Dünnschichtfilter. Der Krümmungsradius der Auskoppellinsen beträgt: a) r = 70 μm, b) 250 μm. Die Einkoppellinsen sind jeweils bezüglich der Strahldivergenz optimiert.

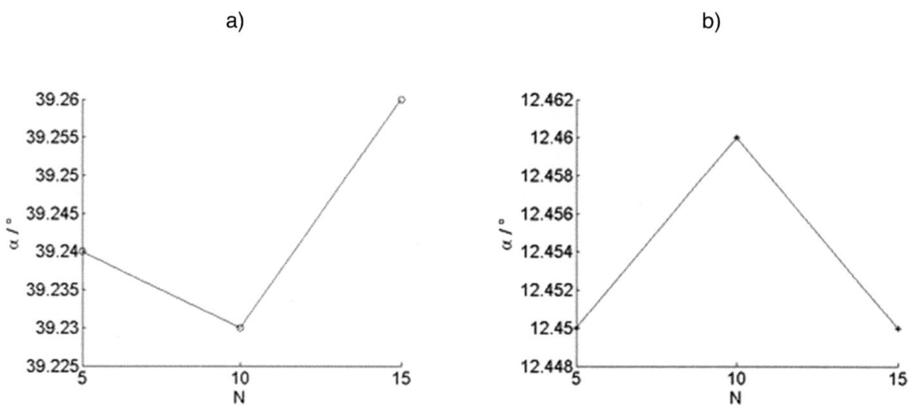

Abbildung 3.35: Ablenkwinkel α von Laserscannern mit Mikrolinsen aus a) AZ-Lack bzw. b) SU8-Lack. Der Krümmungsradius der Auskoppellinsen beträgt: a) r = 70 μm, b) 250 μm. Der Dünnschichtfilter bewirkt jeweils nach N Reflektionen eine Verschiebung von 75 μm.

Abbildung 3.34 zeigt jeweils den Verlauf der Strahldivergenz über der Verschiebung s für einen Weg über 5, 10 bzw. 15 Reflektionen im Dünnschichtfilter. Je länger der optische Weg im Dünnschichtfilter ist, d.h. je häufiger der Strahl reflektiert wird, desto geringer fällt die jeweils durch die Optimierung der Einkoppellinse erzielte Strahldivergenz des abgelenkten Laserstrahls aus. Der Ablenkwinkel ändert sich durch die Anzahl der Reflektionen nur unwesentlich (Abbildung 3.35). Anschaulich betrachtet führt der verlängerte Gesamtweg des Strahls dazu, dass der relative Unterschied zwischen dem optischen Weg der Sagittal- und der Meridionalebene geringer wird. Damit wird der Astigmatismus schwächer, d.h. er kann besser durch eine Optimierung der Einkoppellinse kompensiert werden. Bei einem Szenario mit einer langen optischen Wegstrecke im Bauteil muss jedoch auch die Auswirkung der Beugung berücksichtigt werden. Je länger die Reflektionsstrecke im Bauteil ist, desto größer muss der Durchmesser des Laserstrahls beim Strahleintritt sein um dennoch einen einigermaßen geringen Strahldurchmesser beim Passieren der Auskoppellinse zu ermöglichen (Abbildung 3.6). Der Strahldurchmesser beim Eintritt in das Bauteil ist jedoch durch den lateralen Abstand der einzelnen Reflektionen im Substrat begrenzt, da eine Überschneidung der einzelnen reflektierten Strahlen vermieden werden soll. Sinnvoll erscheint eine Verlängerung der Reflektionsstrecke daher nur, wenn der Durchmesser der Auskoppellinse vergleichsweise groß ist.

3.2.3.2 VERÄNDERUNG DES EINFALLSWINKELS

Durch die Änderung des Einfallswinkels im Bereich von einigen Grad, kann das Dispersionsprofil des Dünnschichtfilters um einige Nanometer verschoben werden. Betrachtet werden zwei Laserscannersysteme mit Reflow-Linsen aus AZ-Lack (Auskoppellinse mit $r = 70\ \mu m$) bzw. SU8-Lack (Auskoppellinse mit $r = 250\ \mu m$). Die Auskoppellinsen werden entsprechend dem optischen Weg für N Reflektionen im Dünnschichtfilter positioniert. Ihr Krümmungsradius bleibt von der Änderung der Anzahl der Reflektionen unberührt. Die Krümmungsradien der Einkoppellinsen werden jeweils bezüglich der Strahldivergenz optimiert. Abbildung 3.36 zeigt, dass sich bei einer Variation des Einfallswinkels zwischen 40° und 50° die Größenordnung der Strahldivergenz bei beiden Systemen nicht ändert. Auch für den Ablenkwinkel (Abbildung 3.37) ergibt sich bei der Veränderung des Einfallswinkels keine wesentliche Änderung. Für das System mit AZ-Linsen geht er mit zunehmendem Einfallswinkel von 39,84° auf 37,44° zurück. Für das System mit SU8-Linsen ergibt die Simulation bei demselben Szenario einen leichten Anstieg des Ablenkwinkels von 13,34° auf 15,86°.

Demzufolge ist die Variation des Einfallswinkels ist bezüglich der zu erwartenden Veränderungen der Strahldivergenz und des erreichbaren Ablenkwinkels eine gute Möglichkeit Herstellungstoleranzen auszugleichen. Eine andere Einschränkung der Systemleistung ist allerdings zu berücksichtigen: Durch die Veränderung des Einfallswinkels verschiebt sich zwar das Dispersionsprofil des Dünnschichtfilters qualitativ entlang der Wellenlängenachse, der Anstieg der Verschiebung s pro Wellenlängeneinheit verändert sich allerdings quantitativ. Daher wird im Endeffekt beim Durchstimmen desselben Wellenlängenbereichs unter dem abgeänderten Einfallswinkel dennoch ein etwas anderer Ablenkwinkel erreicht als im Design ursprünglich vorgesehen.

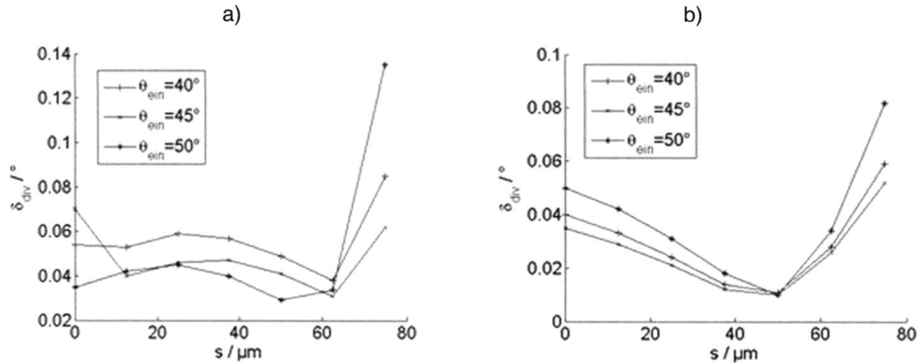

Abbildung 3.36: a) AZ-Reflow-Linsen mit Krümmungsradius 70 µm bzw. b) SU8-Reflow-Linsen mit Krümmungsradius von 250 µm und jeweils optimierter bifokaler Einkoppellinse.

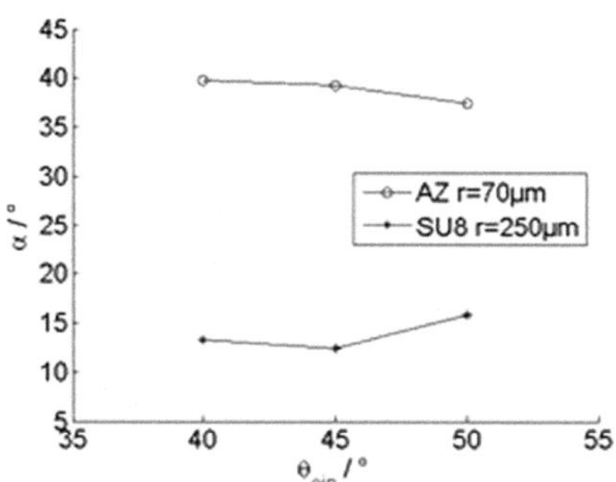

Abbildung 3.37: Ablenkwinkel α in Abhängigkeit vom Strahleinfallswinkel θ_{ein} für Linsen aus den Fotolacken AZ bzw. SU8 mit jeweils optimierten, bifokalen Einkoppellinsen.

3.2.4 ZUSAMMENFASSUNG DER SIMULATIONSERGEBNISSE

Zur Fokussierung des eintreffenden Laserstrahls sollte eine bifokale Einkoppellinse in Kombination mit einer sphärischen Auskoppellinse verwendet werden. Für den Krümmungsradius muss, angepasst an den angestrebten Anwendungsbereich, ein Optimum gefunden werden: Je geringer der Krümmungsradius der Auskoppellinse ist, desto größer fällt der erreichbare Ablenkwinkel aus. Allerdings bewirkt ein geringer Krümmungsradius auch eine vergleichsweise hohe Strahldivergenz. Durch die Wahl des Materials der Auskoppellinse kann der Brechungsindex der Linse geringfügig variiert werden. Auf diese Weise ist eine minimale Anpassung der Strahldivergenz möglich.

Wird der Einfallswinkel des eintreffenden Laserstrahls variiert, so ist die Änderung des Ablenkwinkels des Laserscanners bei angenommener konstanter Verschiebung des Strahls durch den Dünnschichtfilter vernachlässigbar gering. Eine deutliche Änderung ergibt sich nur, falls sich durch die Variation des Einfallswinkels das Verschiebungsprofil des Dünnschichtfilters stark verändert. Für eine Beurteilung dieses Sachverhalts muss das jeweils vorliegende Dispersionsprofil des verwendeten Dünnschichtfilters im verwendeten Wellenlängenbereich herangezogen werden.

Eine Erhöhung der Anzahl der Reflektionen im Dünnschichtfilter ermöglicht theoretisch die Realisierung einer besseren Strahldivergenz durch die Anpassung der Einkoppellinse. Ratsam ist dieses Vorgehen allerdings nicht, da ein relativ hoher Strahldurchmesser am Austrittsort die Folge ist, der nur bei Verwendung von Auskoppellinsen mit sehr großem Durchmesser toleriert werden kann.

3.3 ZWEIDIMENSIONALES SCANNEN MIT EINEM AKTUATOR

Bei Verwendung einer mechanischen Verschiebeeinheit kann die Ausrichtung eines Laserstrahls innerhalb einer Dimension verändert werden. Wird nun der Laserstrahl durch diese Verschiebeeinheit über ein passendes optisches Array gelenkt, so erfolgt dadurch eine Ablenkung im gesamten Raum, d.h. es wird eine zweidimensionale Ablenkung des Laserstrahls über nur einen Aktuator erreicht.

3.3.1 SYSTEMDESIGN

Abbildung 3.38 veranschaulicht die Kernidee: Ein Laserstrahl verläuft in z-Richtung und trifft dabei auf eine plankonvexe Linse, die den Laserstrahl schräg ablenkt. Wird dieser Laserstrahl durch einen Motor oder einen piezoelektrischen Aktuator in x-Richtung bewegt, so wandert die Strahlkomponente hinter der Linse in einem Bogen nach links. Durchläuft dieser Laserstrahl dabei die Linse entlang einer Linie durch die Mitte der Linse, wie im linken Bildabschnitt gezeigt, so verläuft auch der Laserstrahlabschnitt hinter der Linse in der xz-Ebene. Läuft der Laserstrahl die Linse jedoch entlang einer Demarkationslinie oberhalb oder unterhalb der Linsenmitte, dann beschreibt der Strahlanteil hinter der Linse einen gekrümmten Fächer im Raum.

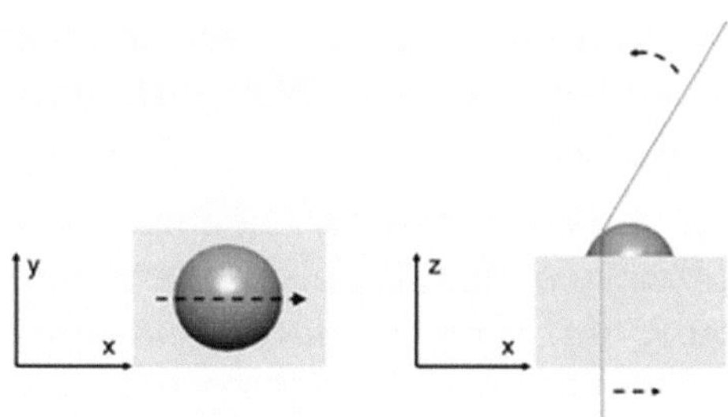

Abbildung 3.38: Bewegt man die Eintrittsposition eines Laserstrahls in x-Richtung entlang einer Linse, so wird er hinter der Linse gegenläufig abgelenkt. Verläuft der von dem Laserstrahl durchlaufene Pfad nicht durch die Linsenmitte, so wird der Laserstrahl hinter der Linse entlang eines gekrümmten Fächers abgelenkt.

In Abhängigkeit von der Ausrichtung der Demarkationslinie im Verhältnis zur Linse und von der Form und Größe der jeweiligen Linse durchläuft der Laserstrahl hinter der Linse unterschiedliche Fächer im Raum. Eine kontinuierliche Veränderung der Ausrichtung der Demarkationslinie wird erreicht, indem man ein Linsenarray aus mehreren aufeinander folgenden Linsen aufbringt, die jeweils senkrecht zur Scanrichtung leicht versetzt positioniert werden. Fährt ein Laserstrahl entlang einer Linie über dieses Linsenarray, durchläuft er nacheinander mehrere, versetzte Linsen und wird bei jeder Linse entlang eines eigenen Fächers abgelenkt. Auf diese Weise wird der Raum in Form von Fächern sukzessive abgetastet. Obwohl der Laserstrahl nur entlang einer Achse mechanisch verschoben wird, tastet er hinter dem Linsenarray eine zweidimensionale Fläche im Raum ab.

Eine Anordnung von vier senkrecht zur Strahlbewegungsrichtung versetzten, plankonvexen Linsen ist in Abbildung 3.39 gezeigt. Der Laserstrahl wird entlang des hell eingezeichneten Pfeils in x-Richtung bewegt. Über die Linsen erfolgt die Ablenkung des Strahls entlang von vier gekrümmten Fächern im Raum. Im rechten Bildabschnitt wird durch die Sicht auf die yz-Ebene deutlich, dass die Linsen je nach aktueller x-Position des Strahls den Strahl unter unterschiedlichen Ablenkwinkeln im Raum verteilen. Aus der Kombination der Ablenkung in der xy- und der yz-Ebene wird deutlich, wie die vier Linsen eine zweidimensionale Ablenkung des Laserstrahls bewirken, obwohl dieser nur entlang der x-Achse mechanisch bewegt wird.

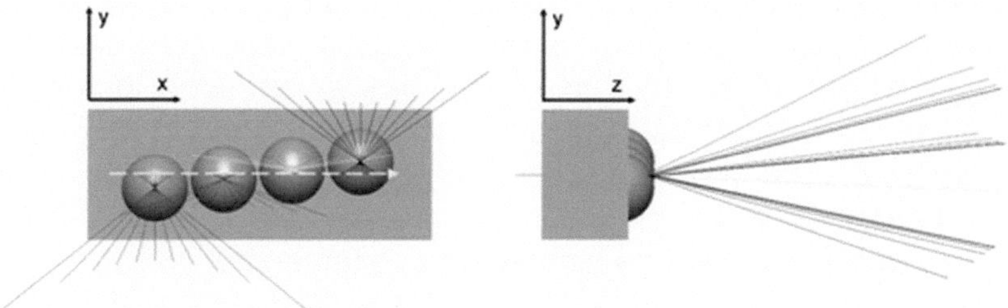

Abbildung 3.39: Ein in z-Richtung verlaufender Laserstrahl wird in x-Richtung über ein Array aus versetzten Linsen bewegt. Durch das Passieren der Linsen wird der Strahl entlang versetzter Fächer im Raum abgelenkt.

3.3.2 MESSUNG AM DEMONSTRATOR

Um die Funktionsweise des Scannens über ein optisches Array zu demonstrieren wurde die Ablenkungscharakteristik eines Arrays aus zwei Linsen (Abbildung 3.40) gemessen und anhand einer Simulation mit LightTools® analysiert. Verwendet wurde eine Anordnung von zwei aufgetropften, plankonvexen Lacklinsen aus dem Fotolack SU-8 mit einem Durchmesser von ca. 5 mm bzw. ca. 4 mm. Der schwarze Pfeil in Abbildung 3.40 zeigt die Bewegungsrichtung des Laserstrahls über die Probe, so dass er die obere Hälfte der ersten Linse und die untere Hälfte der zweiten Linse passiert.

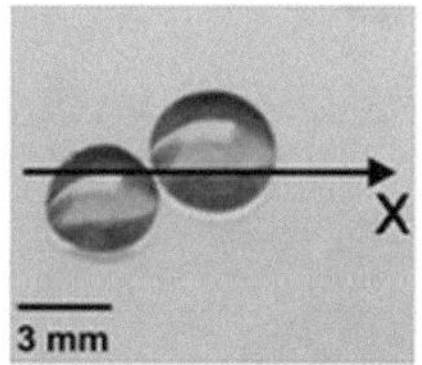

Abbildung 3.40: Ein Array aus zwei versetzt aufgebrachten Fotolacklinsen (SU-8-Lack).

Der verwendete Messaufbau ist in Abbildung 3.41 schematisch dargestellt. Ein grüner Laserpointer wird über eine Lochblende mit einer bikonvexen Linse auf die Probenrückseite fokussiert. Anstatt den Laserstrahl zu bewegen wird die Probe auf eine mechanische Verschiebeeinheit montiert. Mit dieser kann sie in x-Richtung, d.h. senkrecht zur Einfallsrichtung des Laserstrahls, bewegt werden. Die Probe wird so befestigt, dass der Laserstrahl bei Bewegung der Probe in x-Richtung nacheinander beide Lacklinsen passiert. In einem Abstand von ca. 15 cm hinter der Probe trifft der Laserstrahl auf einen Schirm, der aus einem weiß laminierten Karton besteht. Eine Digitalkamera dokumentiert die Position des Laserstrahls auf dem Schirm, während unterschiedliche Positionen x der Probe eingestellt werden. Auf diese Weise wird die zweidimensionale Ablenkung des Laserstrahls durch das Linsenarray dokumentiert.

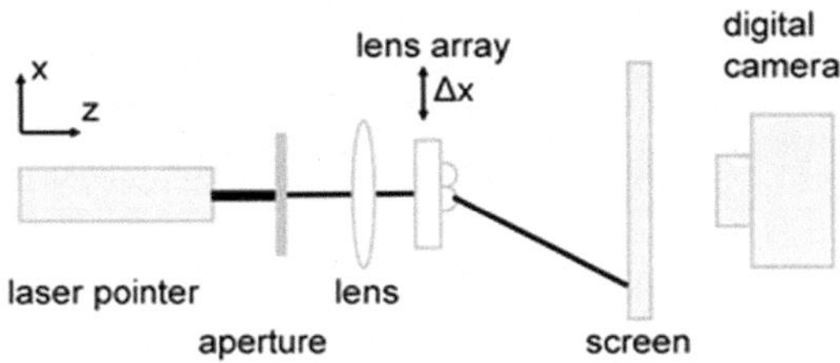

Abbildung 3.41: Ein grüner Laserpointer wird auf ein Array aus zwei versetzten Linsen gerichtet, das über eine mechanische Verschiebeeinheit in x-Richtung bewegt werden kann. Eine Digitalkamera dokumentiert die Position des Laserstrahls auf dem Schirm für unterschiedliche Positionen x der Probe.

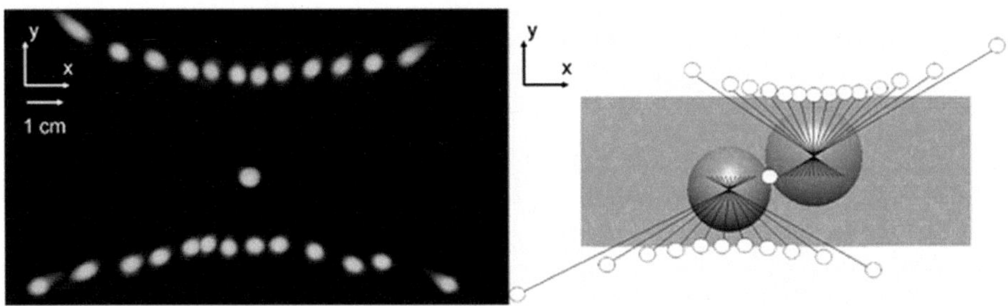

Abbildung 3.42: Überlagerung der Laserstrahlpositionen, die für verschiedene x-Positionen der Probe auf den Schirm treffen. a) Messung, b) Simulation mit LightTools®.

Die Digitalfotos der unterschiedlichen Laserstrahlpositionen auf dem Schirm wurden zu einem Bild überlagert (Abbildung 3.42). Links im Bild ist das Ergebnis der Messung zu sehen, rechts im Bild die entsprechende Simulation mit LightTools®, die veranschaulicht, woher die jeweiligen Messpunkte stammen. Durchläuft der Laserstrahl die erste Linse in x-Richtung, so wird er auf einen Fächer unterhalb der Linse abgelenkt, der gegen den Uhrzeigersinn durchlaufen wird. Zwischen beiden Linsen trifft der Laserstrahl senkrecht auf den Schirm, da er nicht abgelenkt wird. Nun läuft er entlang der unteren Hälfte der zweiten Linse und wird dadurch auf einen Fächer oberhalb der Linse abgelenkt, den er im Uhrzeigersinn durchläuft.

Das Ergebnis der LightTools®-Simulation rechts im Bild zeigt, dass die Messung qualitativ genauso verläuft, wie in der Simulation vorhergesagt. Mehrere Strahlen, die parallel zueinander von hinten in z-Richtung auf das Substrat treffen, passieren die beiden Linsen und treffen auf einen parallel zum Substrat ausgerichteten Schirm. Die Pfade der Laserstrahlen hinter den Mikrolinsen markieren dunkelgraue Linien, deren Enden mit weißen Punkten markiert sind, um den Auftreffort auf den Schirm anzuzeigen. Auf diese Weise wird die Bewegung des Laserstrahls in x-Richtung während des Scans simuliert. Eine exakte Übereinstimmung der gemessenen und der simulierten Auftrefforte ist nicht zu erwarten, da die Qualität der im Experiment verwendeten Lacklinsen vergleichsweise schlecht ist. Die Messung zeigt jedoch eindeutig, dass das vorgestellte Scan-Prinzip realisierbar ist.

3.3.3 DISKUSSION

Das vorgestellte optische Design ermöglicht auf Basis eines Linienscans über ein optisches Array eine zweidimensionale Strahlablenkung. Zum Beispiel übersetzt ein Array aus Linsen den Linienscan eines Laserstrahls in einen zweidimensionalen Scan. Anstatt makroskopischer Linsen wie in dem Beispiel oben (3.3.2) können auch andere optische Elemente wie Prismen, Gitter, diffraktive Optiken oder Spiegel ebenso wie eine Kombination dieser Elemente für das optische Array verwendet werden. Das entscheidende Kriterium für die Wahl der optischen Elemente für das vorgestellte Scan-Konzept ist, dass die einzelnen Elemente des Arrays optische Strahlen jeweils linienförmig in verschiedene Raumrichtungen ablenken. Die räumliche Auflösung des Scans wird dabei durch die Anzahl der integrierten optischen Elemente bestimmt, die gegeneinander versetzt im Array angeordnet sind. Werden viele optische Elemente in dem optischen Array integriert, dann ist damit eine sehr feine Auflösung des Scan-Systems möglich. Die Umsetzung des vorgestellten Scan-Konzepts ist auch möglich, wenn der Laserstrahl nicht parallel entlang einer Achse verschoben wird. Divergierend oder konvergierend auf das optische Array treffende Laserstrahlen können ebenso gescannt werden. Sowohl ein senkrechter als auch ein schräger Einfallswinkel des Laser-strahls ist möglich. Das vorgestellte Konzept ermöglicht insbesondere auch die Realisierung einer Optik, die anstatt ein sequenzielles Abtasten durchzuführen direkt diskrete Punkte im Raum ansteuert. Auf diese Weise ist eine intelligente Abtastung möglich, die gezielt nur die benötigten Daten sammelt und sehr schnell arbeitet.

Das Konzept des Scans über ein optisches Array wurde im Rahmen dieser Arbeit neu entwickelt und als Patent angemeldet [88]. Der Ersatz eines mechanischen Aktuators durch ein optisches Array kann zur Verringerung von Produktionskosten beitragen, indem weniger Einzelkomponenten benötigt werden und v. a. weniger Komponenten ausgerichtet und montiert werden müssen. Es eröffnet zudem neue Designmöglichkeiten, v. a. im Bezug auf das Ansteuern konkreter Punkte im Raum durch einen Laserstrahl. Als Bauteil ohne mechanische Komponenten, in Kombination mit dem dispersiven Dünnschichtfilter, eignet sich das vorgestellte Scan-Konzept hervorragend für den Einsatz in unwirtlicher Umgebung [11, 89]. Abbildung 3.43 zeigt das zweidimensionale Laserstrahlablenksystem ohne mechanische Aktuatoren. Dargestellt ist die Ansicht des Systems in der xz-Ebene.

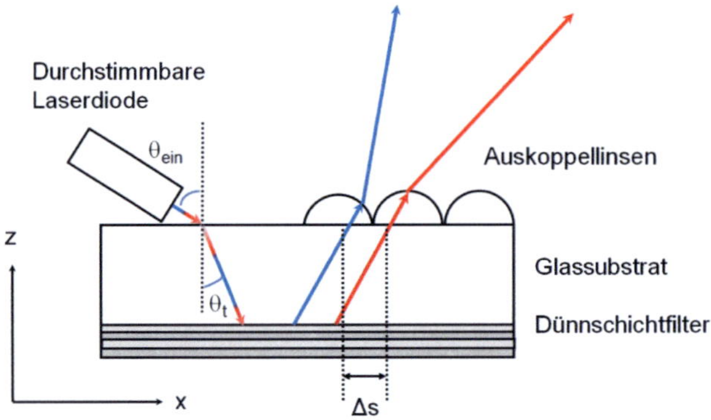

Abbildung 3.43: 2D-Scan ohne mechanische Komponenten durch Kombination eines dispersiven Dünnschichtfilters mit einem optischen Array.

Es wird eine Laserdiode mit elektrisch durchstimmbarer Wellenlänge eingesetzt. Eine Änderung der Wellenlänge um nur wenige Nanometer bewirkt eine örtliche Verschiebung des Laserstrahls durch den dispersiven Dünnschichtfilter. Diese eindimensionale Verschiebung wird über das optische Array am Austrittsort des Laserstrahls in eine räumliche, zweidimensionale Ablenkung umgesetzt. Die Sicht auf die yz-Ebene senkrecht zur obigen Abbildung ist in Abbildung 3.44 dargestellt. Hier ist zu sehen, wie das optische Array die Laserstrahlen im Raum verteilt. Der ursprünglich nur lateral in x-Richtung verschobene Laserstrahle wird in Abhängigkeit von der Linse auf die er trifft, auf unterschiedliche gekrümmte Kurven im Raum verteilt. Exemplarisch ist das hier aus der Verteilung der blauen und roten Zielpunkte hinter dem optischen Array zu sehen. Die blauen Zielpunkte skizzieren den Verlauf des Laserstrahls, der die erste Linse des optischen Arrays passiert. Die roten Zielpunkte zeigen analog auf, wie der Laserstrahl abgelenkt wird, wenn er die zweite Linse des optischen Arrays passiert.

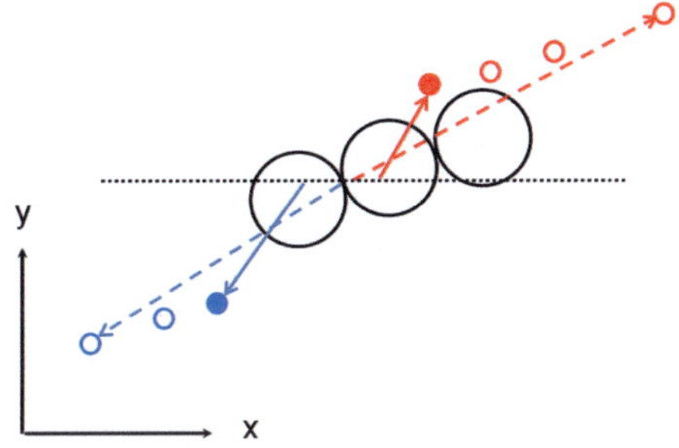

Abbildung 3.44: Scankurven zu dem 2D-Laserscanner in Abbildung 3.43 in der Schnittebene xy hinter dem Linsenarray. Der Strahl wandert von der blauen zu der rot gekennzeichneten Position.

Die elektrisch durchstimmbare Laserdiode kann innerhalb von Nanosekunden ihre Emissionswellenlänge ändern, d.h. dieser kompakte Laserscanner kann einzelne Raumpunkte innerhalb von Nanosekunden stufenlos anfahren. Für praktische Anwendungen kann die Wellenlänge als nahezu konstant angenommen werden.

3.3.4 ZUSAMMENFASSUNG

Bei Verwendung einer mechanischen Verschiebeeinheit kann die Ausrichtung eines Laserstrahls innerhalb einer Dimension verändert werden. Wird nun der Laserstrahl durch diese Verschiebeeinheit über ein passendes optisches Array geführt, so erfolgt dadurch eine Ablenkung im gesamten Raum, d.h. es wird eine zweidimensionale Ablenkung des Laserstrahls über nur einen Aktuator erreicht. Dieses neuartige Scan-Konzept wurde anhand einer Referenzprobe mit einer Anordnung optischer Linsen umgesetzt und bestätigt.

Kombiniert man dieses Scan-Konzept mit der Strahlverschiebung durch einen dispersiven Dünnschichtfilter, so erhält man ein zweidimensionales Laserstrahlablenksystem ohne mechanische Aktuatoren. Wird für diesen Laserscanner eine Laserdiode mit elektrisch durchstimmbarer Wellenlänge eingesetzt, so entsteht damit ein kompakter Laserscanner, der einzelne Raumpunkte innerhalb von einigen Nanosekunden stufenlos anfahren kann. Die Wellenlängenänderung beträgt hierbei nur wenige Nanometer, so dass für praktische Anwendungen die Wellenlänge als nahezu konstant angenommen werden kann.

4 DÜNNSCHICHT-MINISPEKTROMETER

Im Rahmen dieser Arbeit wurde der Ansatz verfolgt, ein Spektrometer basierend auf Dünnschichttechnologie zu realisieren. Ein optisches System aus dispersivem Dünnschichtfilter und organischen Fotodetektoren ermöglicht die Realisierung eines sehr kleinen, kompakten und kostengünstig herstellbaren Dünnschicht-Minispektrometers für analytische Anwendungen. In Abbildung 4.1 ist das im Rahmen dieser Arbeit entworfene Dünnschicht-Minispektrometer dargestellt.

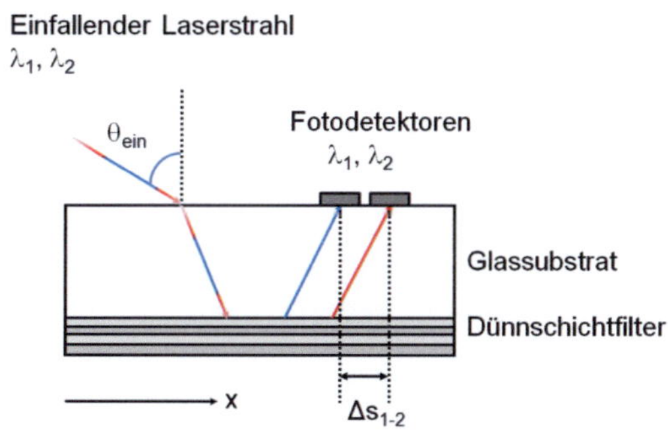

Abbildung 4.1: Schema des Dünnschicht-Minispektrometers.

Das Licht trifft unter einem Winkel θ_{ein} auf die Oberseite des Substrats. Licht unterschiedlicher Wellenlängen wird bei der Reflektion an dem dispersiven Dünnschichtfilter örtlich getrennt. Das Licht unterschiedlicher Wellenlänge verläuft dennoch auch innerhalb des Substrats parallel zueinander. Die daraus resultierende Verschiebung der Strahlaustrittsposition und damit auch die Wellenlänge des eintreffenden Lichts wird über zwei organische Fotodetektoren registriert. Mit jeder Reflektion des zu untersuchenden Strahls innerhalb des Bauteils nimmt die räumliche Verschiebung mit der Wellenlänge zu. Es werden daher beim Design des Dünnschicht-Minispektrometers mehrere Reflektionen des Strahls vorgesehen. Damit eine Überlagerung der einfallenden und reflektierten Strahlenabschnitte vermieden wird, ist das Substrat im Vergleich zu dem Dünnschichtfilter und den organischen Fotodetektoren mit z.B. ca. 1 mm relativ dick. Strahldurchmesser und Einfallswinkel bestimmen die Mindestdicke des Substrats.

Entscheidend für die erfolgreiche Herstellung des Minispektrometers ist ein sorgfältiges Systemdesign (4.1). Dabei muss sowohl die Verschiebung durch den dispersiven Dünnschichtfilter als auch der Durchmesser des Lichtstrahls am Ort der Detektoren berücksichtigt werden. Die Realisierung des Dünnschicht-Minispektrometers ist Thema des Kapitels 4.2. Die Messungen zur Ortsbestimmung mit organischen Fotodetektoren und zur Wellenlängenbestimmung mit dem Dünnschicht-Minispektrometer werden im Kapitel 4.3 vorgestellt. Abschließend werden die Ergebnisse im Hinblick auf den praktischen Einsatz des Dünnschicht-Minispektrometers diskutiert (4.4).

4.1 SYSTEMDESIGN

Das oben vorgestellte Konzept eines Dünnschicht-Minispektrometers kann sehr flexibel an die jeweilige Anwendung angepasst werden. Abbildung 4.2 zeigt schematisch den Aufbau des Minispektrometers. Der Laserstrahl fällt unter einem Winkel θ_{ein} auf das Substrat und wird mehrfach im Bauteil reflektiert (in der Skizze ist nur eine Reflektion eingezeichnet) bis er farblich aufgefächert auf die beiden Fotodetektoren trifft. Welche Wellenlänge der eintreffende Laserstrahl jeweils hat, kann aus der Laserstrahlposition an den Fotodetektoren rückgeschlossen werden, wenn das System zuvor kalibriert wurde.

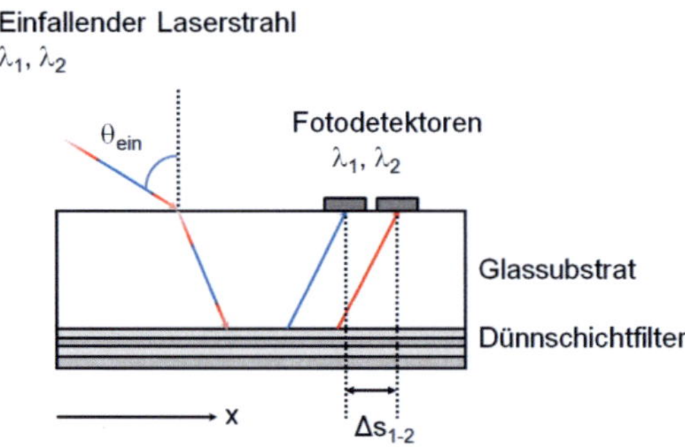

Abbildung 4.2: Schema des realisierten Minispektrometers.

Zunächst wird das Dispersionsprofil des integrierten Dünnschichtfilters so optimiert, dass im gewünschten Wellenlängenbereich die benötigte Auflösung des Spektrometers erreicht wird. Über die Integration eines Topspiegels erfolgt dann die Festlegung der Anzahl der internen Reflektionen des Messstrahls, d.h. hierüber wird die resultierende Verschiebung am Ort der Detektoren definiert.

Die Wahl des Detektormaterials und –designs orientiert sich wiederum an der angestrebten Anwendung. Die geometrische Anordnung der Detektoren berücksichtigt sowohl die elektrische Kontaktierung der Detektoren als auch die erwartete Verschiebung im relevanten Wellenlängenabschnitt.

4.1.1 DESIGN DES DISPERSIVEN DÜNNSCHICHTFILTERS

Die spektrale Sortierung des einfallenden Lichtstrahls im Spektrometer erfolgt über einen nicht-periodischen Dünnschichtfilter. Dieser bietet mehrere Freiheitsgrade um das resultierende Dispersionsprofil an den gewünschten Wellenlängenbereich und die benötigte Auflösung des Dünnschicht-Minispektrometers anzupassen (2.4). In Abstimmung mit dem Einsatzbereich des Dünnschicht-Minispektrometers wird infolge ein optimiertes Schichtdesign für das angestrebte Dispersionsprofil entworfen. Damit wird entweder bei vergleichsweise grober Auflösung ein großer Wellenlängenbereich oder bei einer Auflösung unterhalb eines Nanometers ein kleiner Wellenlängenabschnitt abgedeckt (2.2). Es ist daher nicht möglich ein Dünnschicht-Minispektrometer mit feiner Auflösung und gleichzeitiger Abdeckung eines großen Wellenlängenbereichs aus demselben Schichtdesign zu realisieren. Es bleibt zu erwähnen, dass im Rahmen dieser Arbeit das Filterdesign für den Laserscanner und das Dünnschicht-Minispektrometer so aufeinander abgestimmt wurden, dass dasselbe Design verwendet werden konnte (2.4).

4.1.2 INTEGRATION EINES TOPSPIEGELS

Steht das Dispersionsprofil des Dünnschichtfilters fest, dann wird über die Anzahl der Reflektionen im Bauteil der Absolutwert der Verschiebung für die betroffenen Wellenlängen festgelegt. Generell wirkt sich eine Verschiebung, die auf nur wenigen Reflektionen des Lichtstrahls im Bauteil basiert, positiv auf die gesamte Bauteilgröße aus. Sind die Detektoren des Dünnschicht-Minispektrometers fein strukturierbar, dann reicht ein geringer Absolutwert der Verschiebung zur Detektion der Wellenlänge des einfallenden Lichts aus. Die Bauteilrückseite ist durchgehend reflektierend. Daher wird die Anzahl der Reflektionen im Bauteil durch einen metallischen Topspiegel festgelegt. Dieser wird im Fall der Integration von organischen Fotodetektoren gemeinsam mit der metallischen Topelektrode der Detektoren über eine Maske auf der Bauteiloberseite aufgedampft. Abbildung 4.3 und Abbildung 4.4 verdeutlichen das Systemdesign. Der Laserstrahl trifft hier links neben der Topelektrode auf das Bauteil, reflektiert z.B. vier Mal zwischen dem dispersiven Dünnschichtfilter auf der Probenrückseite und dem metallischen Frontspiegel. Nach der letzten Reflektion wird er von den Fotodetektoren absorbiert. Die Dispersion des Dünnschichtfilters bewirkt, dass Licht unterschiedlicher Wellenlänge beim Durchlaufen des Bauteils örtlich getrennt auf die Detektoren trifft und damit ein Rückschluss auf die Wellenlänge des einfallenden Laserlichts möglich ist.

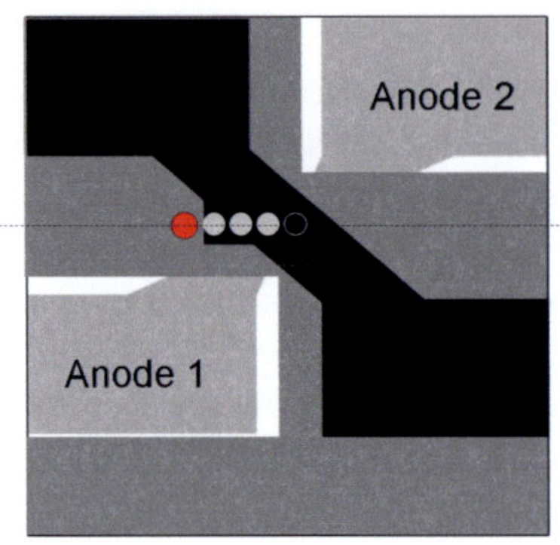

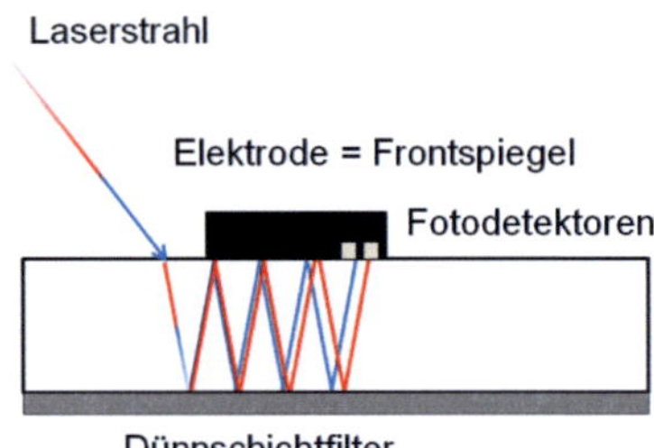

Abbildung 4.3: Oberseite einer Probe. In schwarzer Farbe die gemeinsame Topelektrode, die zugleich als Frontspiegel fungiert. In rot der Eintreffort des Laserstrahls auf die Probe, weiß markiert die Reflektionsorte an der Unterseite des Topspiegels.

Abbildung 4.4: Querschnitt durch das Dünnschicht-Minispektrometer: Der Laserstrahl trifft – wie im Schemabild links – nach z.B. vier Reflektionen auf die Fotodetektoren und wird dort je nach Austrittsort unterschiedlich stark absorbiert. Der Austrittsort variiert auf Grund der Dispersion des Dünnschichtfilters mit der Wellenlänge.

4.1.3 DESIGN DER DETEKTOREN

Organische Fotodetektoren (engl. organic photodiode = OPD) [40, 90-92] verhalten sich im Betrieb sehr ähnlich wie anorganische Fotodetektoren, ermöglichen jedoch eine große Flexibilität beim Systemdesign. Da die organischen Halbleitermaterialien generell nur sehr geringe Leitfähigkeiten aufweisen [93], werden nur sehr dünne aktive Schichten in einer Größenordnung von 100 nm in die OPDs integriert. Zudem eröffnet die, im Gegensatz zu dem anorganischen Silizium, amorphe Struktur der Organik die Möglichkeit einer schnellen und kostengünstigen Herstellung. Diese und die einfache Strukturierbarkeit machen organische Fotodetektoren besonders attraktiv für eine Integration mit dem dispersiven Dünnschichtfilter zum Dünnschicht-Minispektrometer. Sie garantieren eine hoch kompakte Bauweise des Dünnschicht-Minispektrometers und damit minimale Bauteildimensionen. Über die Wahl einer passenden Organik wird der Absorptionsbereich der Detektoren an den angestrebten Wellenlängenbereich angepasst. Anzahl, Größe und der Abstand zwischen den einzelnen Detektoren richten sich nach der erwarteten Strahlverschiebung und dem Durchmesser des Lichtstrahls am Austrittsort.

Die im Folgenden vorgestellten Prototypen des Dünnschicht-Minispektrometers basieren auf der Integration von zwei organischen Fotodetektoren. Die Verschiebung am Austrittsort beträgt maximal 200 μm, daher muss die Detektorfläche jeweils mindestens so breit sein. Um die Position eines austretenden Lichtstrahls bestimmen zu können, muss der Abstand zwischen den Detektoren geringer sein als der Durchmesser des Lichtstrahls am Austrittsort. Wird der austretende Lichtstrahl auf den Austrittsort hin fokussiert, so darf der Abstand ggf. nur ca. 20 μm betragen.

Fotodetektoren sind Halbleiterbauelemente, die einen Fotostrom erzeugen, wenn Strahlung mit ausreichender Energie auf sie trifft und absorbiert wird. Die Detektoren werden bei negativ angelegter Spannung betrieben, da diese einen deutlichen Unterschied zwischen Dunkelstrom und Fotostrom bewirkt [94]. Im Idealfall besteht bei dieser Betriebsart ein linearer Zusammenhang zwischen einfallender Strahlungsleistung und Fotostrom, der bei der Kalibrierung der Fotodetektoren von großem Vorteil ist.

4.1.4 TECHNOLOGISCHE UMSETZUNG

Anstatt auf das bei der Herstellung von organischen Fotodetektoren übliche Glassubstrat werden die einzelnen Schichten der Fotodetektoren auf einen dispersiven Dünnschichtfilter aufgedampft bzw. aufgeschleudert. Berücksichtigt werden muss hier nur, dass die Detektoren auf die richtige Filterseite aufgebracht werden. Die Bestimmung der richtigen Filterseite muss auf Grund der starken Reflektion des dispersiven Dünnschichtfilters mit Umsicht durch genaue Betrachtung der Substratkante erfolgen.

4.2 REALISIERUNG

Realisiert wurden zwei unterschiedliche Bauteiltypen. Beide werden im Abschnitt 4.2.1 vorgestellt. Es wurden einerseits organische Fotodetektoren basierend auf der Materialklasse der „Polymere" gebaut. An diesen Proben wurde grundsätzlich untersucht, inwiefern sich organische Fotodetektoren zur Ortsdetektion von Laserstrahlen eignen (4.2.2). Im nächsten Schritt wurden Prototypen des Dünnschicht-Minispektrometers hergestellt, wobei organische Fotodetektoren basierend auf der Materialklasse der „Kleinen Moleküle" eingesetzt wurden (4.2.3).

4.2.1 HERSTELLUNG VON ORGANISCHEN FOTODETEKTOREN

Es wurden zwei unterschiedliche Typen organischer Fotodetektoren untersucht. Im Folgenden wird der jeweilige Schichtaufbau erläutert. Die detaillierten Herstellungsrezepte können im Anhang nachgelesen werden. Die verwendeten Herstellungsverfahren Aufschleudern und Aufdampfen werden dort auch erläutert.

Bei dem Fotodetektor vom Typ A besteht die organische Schicht, die für die Absorption von Strahlung und die sich daraus ergebende Ladungsträgergergeneration verantwortlich ist, aus einer Kompositschicht aus P3HT (= Poly-(3-Hexylthiophen)) und dem Fullerenderivat PCBM (= [6,6]-Phenyl-C61-Butyric-Acid-Methylester). Man bezeichnet sie abgekürzt mit P3HT:PCBM. Abbildung 4.5 zeigt die Schichtstruktur dieses organischen Fotodetektors. Als Elektrodenmaterialien kommen eine Zweischichtstruktur aus ITO (=Indium-tin-oxide) und PEDOT:PSS (Poly(3,4-ethylenedioxythiophene) poly(styrenesulfonate) sowie auf der Gegenseite eine Aluminiumschicht zum Einsatz. Durch die auf Grund der Kompositstruktur sehr große Grenzfläche zwischen den Materialien P3HT und PCBM wird eine effiziente Ladungstrennung ermöglicht. Infolge werden die Elektronen von dem Fullerenderivat PCBM zur Aluminiumelektrode transportiert, während die Löcher über das Material P3HT und den Lochleiter PEDOT:PSS die ITO-Elektrode erreichen können.

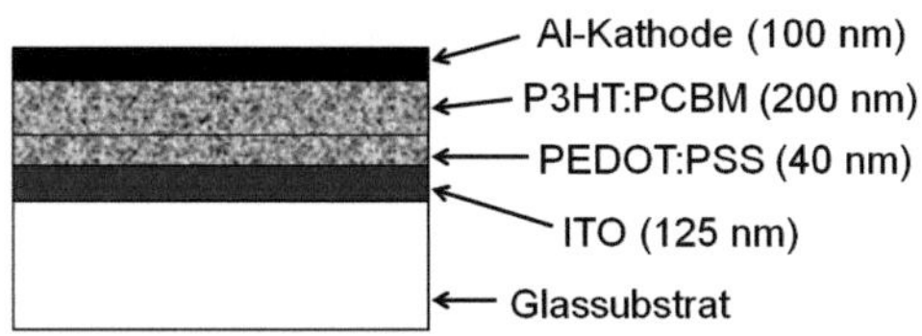

Abbildung 4.5: Schichtstruktur des organischen Fotodetektors vom Typ A.

Die organischen Fotodetektoren werden auf Glassubstraten hergestellt, die bereits mit einer ITO-Schicht von 125 nm beschichtet sind (Firma Merck KGaA). Diese wird fotolithografisch unter Verwendung des Fotolacks ma-P 1215 und einer Nassätze aus Hydrochlorid (HCl) strukturiert. Zur eindeutigen Begrenzung der aktiven Fläche des jeweiligen Fotodetektors wird anschließend - auch fotolithografisch - ein isolierendes Fenster aus dem Fotolack SU-8 aufgebracht. Darauf wird zunächst das Mischsystem PEDOT:PSS aufgeschleudert und im Vakuumofen ausgeheizt. Dann wird auch die organische Kompositschicht aus P3HT:PCBM unter Stickstoffatmosphäre ganzflächig aufgeschleudert. Im letzten Schritt wird über

100

eine strukturierte Schattenmaske die Elektrode aus Aluminium aufgedampft.

Die Einzelschichten des Fotodetektors vom Typ B werden nach der Strukturierung der ITO-Elektrode (siehe oben) direkt hintereinander aufgedampft. Die aktive Schicht aus dem Kompositsystem CuPc (=Kupferphtalocyanin) und dem Fulleren C60, bezeichnet mit CuPc:C60, ist über eine CuPc-Schicht mit der ITO-Elektrode verbunden. Den Übergang zwischen der aktiven Schicht und der Aluminiumelektrode bildet eine Schicht aus BCP (=2,9-Dimethyl-4,7-diphenyl-1,10-phenanthroline).

4.2.2 SYSTEME ZUR ORTSDETEKTION MIT ORGANISCHEN FOTODETEKTOREN

Um den Ort eines auftreffenden Laserstrahls mit Hilfe von organischen Fotodetektoren zu bestimmen, werden zwei fein strukturierte organische Fotodetektoren auf ein Glassubstrat aufgebracht. Wie in Abbildung 4.7 zu sehen, unterscheiden sich die beiden organischen Fotodetektoren nur durch ihre separierten ITO-Anoden.

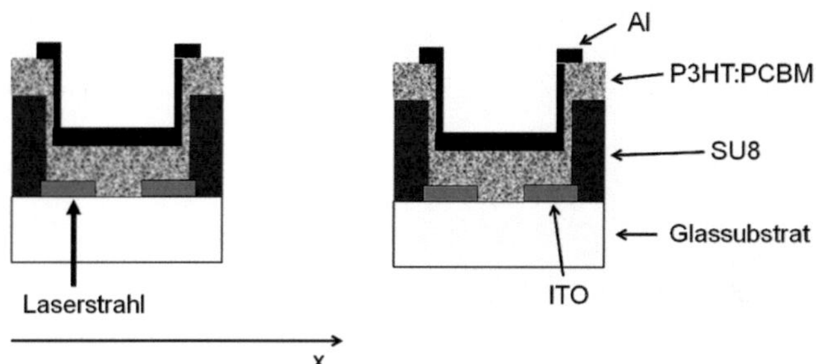

Abbildung 4.6: Die Bewegung des Laserstrahls entlang der x-Achse simuliert den durch die Dispersion des Dünnschichtfilters verschobenen Laserstrahl.

Abbildung 4.7: Die beiden Fotodetektoren werden nur durch ihre separierten ITO-Anoden voneinander getrennt.

Da die elektrische Querleitfähigkeit der Organik – hier P3HT:PCBM – im Vergleich zur vertikalen Leitfähigkeit durch das Bauteil vernachlässigbar ist ergibt sich die Fläche eines Fotodetektors aus dem Flächenanteil der jeweiligen ITO-Anode, von dem aus ein vertikaler Strompfad zur metallischen Kathode möglich ist. Der Abstand der Fotodetektoren wird vorgegeben durch den Abstand der ITO-Anoden.

Es wurden in unterschiedlichen Designs jeweils zwei Fotodetektoren auf einer Fläche von 300 x 100 μm^2 bis zu 1000 x 500 μm^2 mit einem Abstand von $40\,\mu m$ bis $180\,\mu m$ zwischen den beiden Detektoren realisiert. Eine Probe ist mit 16 x16 mm² so groß, dass die elektrische Kontaktierung der Elektroden komfortabel möglich ist.

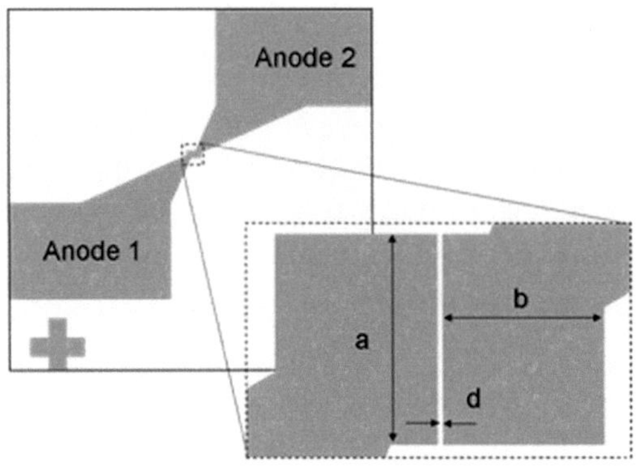

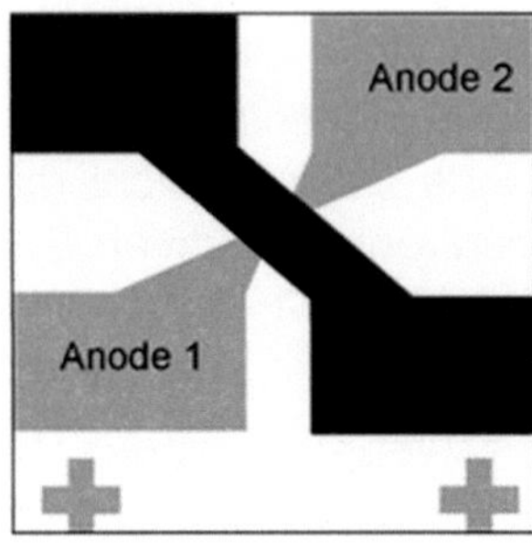

Abbildung 4.8: Layout der ITO-Anoden, die zugleich die Detektorfläche (a x b) begrenzen und den Abstand d zwischen den Detektoren festlegen.

Abbildung 4.9: Layout der ITO-Anoden und der metallischen Topelektrode, die von beiden Detektoren genutzt wird.

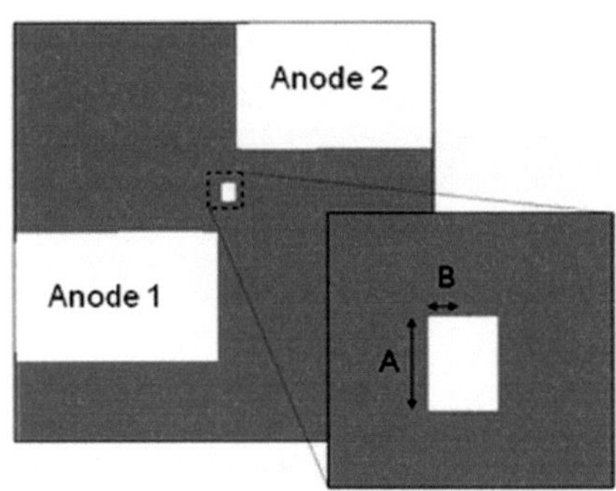

Abbildung 4.10: Layout der isolierenden SU8-Schicht zur Begrenzung der Detektorgröße.

Die Elektroden der beiden Fotodetektoren werden zum Probenrand hin auf Kontaktflächen der Größe 5 x 5 mm² geleitet, über welche die Kontaktierung für die Messung der jeweiligen Strom-Spannungs-Charakteristik mit Kontaktstiften erfolgt. Abbildung 4.8 zeigt das Layout der ITO-Anoden auf einer Probe. Die zwei Fotodetektoren mit jeweils einer Fläche von a x b und einem Abstand d zueinander befinden sich in der Mitte der Probe. Die metallische Topelektrode kreuzt die beiden Anoden in der Probenmitte (Abbildung 4.9). Um die Zuverlässigkeit der nur relativ groben Justage bei der Positionierung der Schattenmaske für die Topelektrode zu erhöhen, wurde die Breite der Topelektrode vergleichsweise großzügig bemessen. Die effektive Detektorfläche wird bei diesen Proben begrenzt durch eine Strukturierung mit SU8-Lack wie in Abbildung 4.10 dargestellt.

Die monolithische Integration der zwei Fotodetektoren ist bei diesem Designansatz mit SU8-Strukturierung nur möglich, wenn die Position der ITO-Anoden und der SU8-Struktur darüber exakt justiert werden kann. Problematisch ist dabei, dass nach dem Aufbringen der SU8-Schicht die ITO-Anode fast nicht mehr zu erkennen und daher die Justage des SU8-Fensters nur schwer zu realisieren ist. Abbildung 4.11 zeigt einen Bildausschnitt von zwei strukturierten ITO-Anoden mit dem optischen Lichtmikroskop. Für die Anode links im Bild ist auch der Anfang der Stromleitung in Richtung der Kontaktfläche am Probenrand zu sehen. Die Kombination aus ITO-Anoden und SU8-Fenster ist in Abbildung 4.12 zu sehen. Unterhalb der SU8-Schicht ist die Strukturierung der ITO-Anoden nicht mehr im Bild zu erkennen.

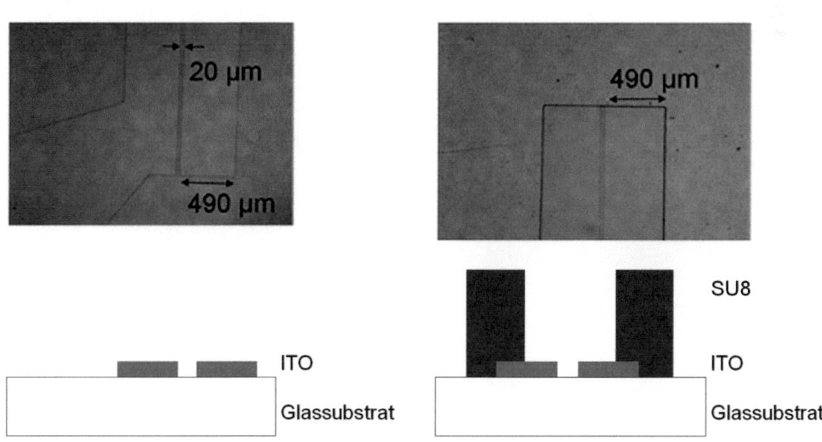

Abbildung 4.11:Aufnahme mit dem Lichtmikroskop und Schema von zwei ITO-Anoden auf einem Glassubstrat.

Abbildung 4.12: Aufnahme mit dem Lichtmikroskop und Schema des Designs der ITO-Anoden in Kombination mit einem Fenster aus SU8-Lack.

Auf die strukturierte SU8-Schicht wird das Löcher leitende Material PEDOT:PSS und die aktive organische Schicht aus P3HT:PCBM in einem Gewichtsverhältnis von 1:0,9 aufgeschleudert. Die Absorption der aktiven Schicht wird im sichtbaren Spektralbereich dominiert von der Absorption der Komponente P3HT (Abbildung 4.13). In Abbildung 4.14 und Abbildung 4.15 werden das Probenschema und die Fotografie einer Probe einander gegenüber gestellt. In beiden Darstellungsformen ist die metallische Topelektrode (schwarz) deutlich zu erkennen. Um in der Fotografie auch die Begrenzung der SU8-Struktur sichtbar zu machen, wurde der Kontrast mit einem Bildbearbeitungsprogramm etwas erhöht. Aus Gründen der Übersichtlichkeit wurden in der Schemazeichnung die organischen Schichten nicht berücksichtigt, da sie die gesamte Probe bis auf die Top-Elektrode bedecken würden.

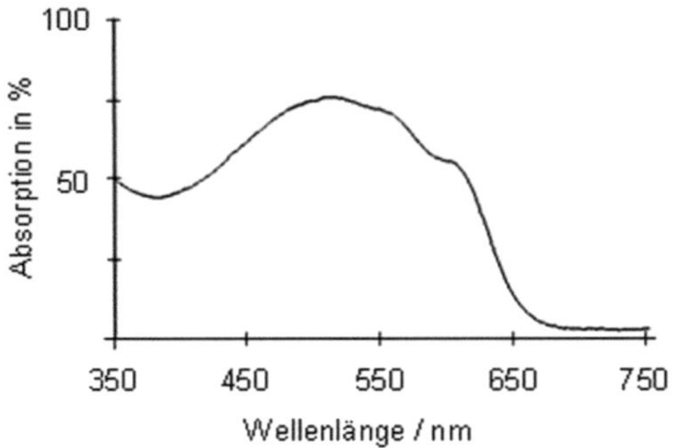

Abbildung 4.13: Absorptionsspektrum einer organischen Schicht aus P3HT:PCBM.

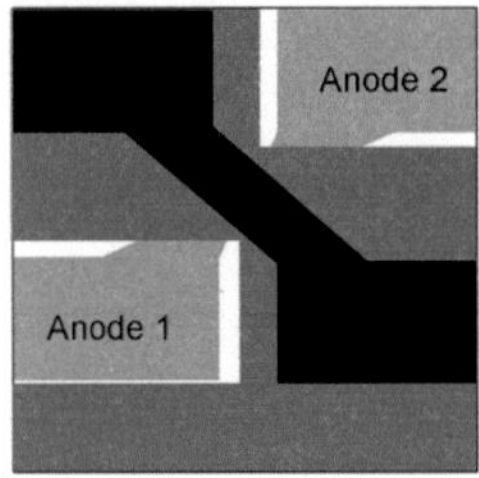

Abbildung 4.14: Schema einer Probe aus Anoden, SU8-Struktur und Topelektrode.

Abbildung 4.15: Fotografie einer hergestellten Probe in Graustufenmodus.

Auch über den Kontaktflächen der ITO-Anoden am Probenrand befindet sich die organische Schicht. Allerdings ist es dennoch möglich die ITO-Anoden über spitze Federkontaktstifte (INGUN Prüfmittelbau GmbH) durch die Organik hindurch zu kontaktieren.

4.2.3 HERSTELLUNG VON DÜNNSCHICHT-MINISPEKTROMETERN

Basierend auf dem Design der Proben zur Ortsdetektion mit organischen Fotodetektoren ergibt sich das Design der Dünnschicht-Minispektrometer.

Im Vergleich zum Design oben (4.2.2) ergeben sich folgende Veränderungen:

Auf die Fensterstruktur aus SU8-Lack wird verzichtet. Schnelle Schaltzeiten sind für das Prototypspektrometer nicht von Relevanz (Anm.: Verringerung der Kapazität der Fotodetektoren, wenn durch den SU8-Lack eine definierte Abgrenzung der Detektoren zu den Seiten hin erfolgt [51]), da zunächst keine besonderen Anforderungen an die Betriebsfrequenz des Bauteils gestellt werden. Zudem hat sich gezeigt, dass die Zuleitungen zu den Kontaktflächen am Probenrand auch ohne eine SU8-Zwischenschicht zuverlässig ohne Kurzschlüsse über mögliche Defekte in der Organik elektrisch leiten.

Da eine reproduzierbare Messung des Dünnschicht-Minispektrometers mit dem zur Verfügung stehenden Ti:Saphir-Laser nur im Wellenlängenbereich um 800 nm möglich ist, wird die organische Schicht entsprechend angepasst. Anstatt eines Zweischichtaufbaus aus PEDOT:PSS und P3HT:PCBM wird ein Mehrschichtaufbau aus CuPc, CuPc:C_{60}, C_{60} und BCP aufgedampft.

Um durch die Reflektion am dispersiven Dünnschichtfilter eine ausreichende Verschiebung und Strahlintensität des zu charakterisierenden Laserstrahls am Ort der Detektoren zu erzielen, wird der Topspiegel um eine Dreiecksfläche erweitert (Abbildung 4.16). Im Bild ist beispielhaft der Strahlverlauf bei Absorption nach vier Reflektionen an der Substratrückseite schematisch dargestellt. Der Strahl trifft links von der ergänzten Dreiecksfläche auf, wird infolge noch dreimal an ihr reflektiert. Beim vierten Mal trifft er stattdessen auf einen organischen Fotodetektor, der an dieser Stelle unter der Topelektrode liegt. Abbildung 4.17 zeigt, wie die Anoden im Bereich unter der Topelektrode lateral strukturiert sind. Die ersten drei Reflektionen treffen links außerhalb der Anodenflächen auf, die vierte Reflektion trifft entweder auf Anode 1, auf Anode 2 oder ggf. auch auf beide Anoden. Der Strahl wird folglich an dem jeweiligen durch die Anodenfläche definierten Fotodetektor absorbiert. Die ergänzte Dreiecksfläche trägt zur Verlustminimierung bei den Reflektionen des Strahls im Bauteil sowie zur definierten Begrenzung der Anzahl der Reflektionen am dispersiven Dünnschichtfilter bei. Der metallische Topspiegel führt zu einer deutlich besseren Signalqualität des Strahls am Detektionsort als die Reflektion an der Glas-Luft-Grenze, die sehr verlustbehaftet ist.

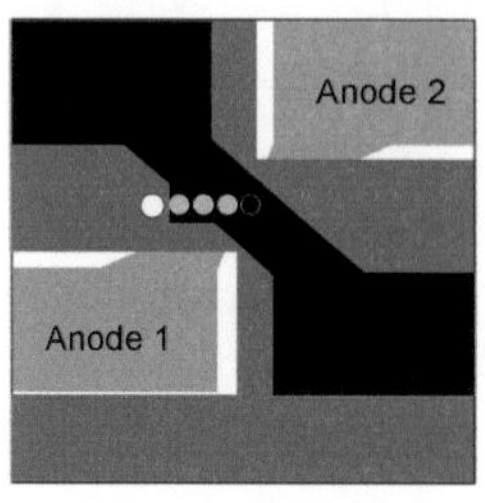

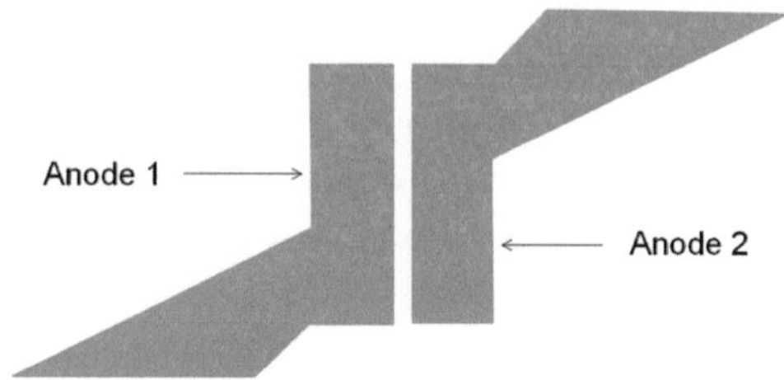

Abbildung 4.16: Strahlabsorption z.B. nach vier Reflektionen an der um eine Dreiecksfläche erweiterten Topelektrode.

Abbildung 4.17: Strukturierung der Anoden im Bereich unter der Topelektrode.

4.3 CHARAKTERISIERUNG

Die Charakterisierung der Bauteile zur Ortsbestimmung und der Dünnschicht-Minispektrometer-Prototypen erfolgt jeweils an einem Messaufbau auf einem optischen Tisch (4.3.1). Im Anschluss werden die Messergebnisse der Ortsbestimmung mit organischen Fotodetektoren (4.3.2) und die Charakterisierung der Dünnschicht-Minispektrometer Prototypen vorgestellt (4.3.3).

4.3.1 MESSAUFBAUTEN

Für die Messung der Ortsbestimmung mit organischen Fotodetektoren (OPDs) und die Wellenlängendetektion mit dem Prototyp des Dünnschicht-Minispektrometers wurde derselbe Messplatz verwendet. Je nach Messung kam er leicht abgewandelt zum Einsatz.

4.3.1.1 MESSAUFBAU ZUR ORTSBESTIMMUNG

Die erfolgreiche Ortsbestimmung mit organischen Fotodetektoren ist eine wesentliche Voraussetzung für die Realisierung des Minispektrometers. Daher wird zunächst untersucht, ob sich eine Anordnung von zwei organischen Fotodetektoren zur Bestimmung des Eintrefforts eines Laserstrahls eignet. Abbildung 4.18 stellt schematisch den Messaufbau zur Charakterisierung der Ortsbestimmung mit organischen Fotodetektoren vor. Als Lichtquelle wird die Emission eines Titan-Saphir-Lasers verwendet, der frequenzverdoppelt im Bereich von 400 nm betrieben wird.

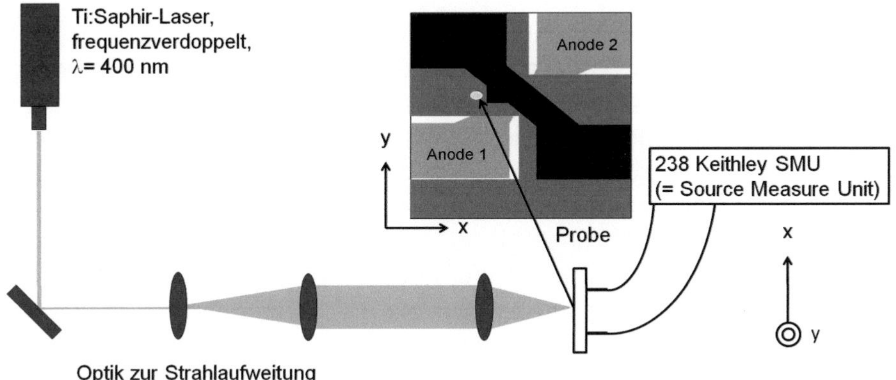

Abbildung 4.18: Schema des Messaufbaus zur Charakterisierung der organischen Fotodetektoren. Die Position der Probe kann durch mechanische Verschiebeeinheiten in x- und y-Richtung angepasst werden.

Der Laserstrahl wird über einen Spiegel und einen optischen Teleskopaufbau auf die Probe gerichtet. Der Durchmesser des fokussierten Strahls beträgt beim Auftreffen auf die Probe in etwa 100 x 300 μm^2. Mit Hilfe der mechanischen Verschiebeeinheiten kann der Laserstrahl je nach Anforderung mit einer Genauigkeit von einem Mikrometer auf der Probe ausgerichtet werden.

Die organischen Fotodetektoren werden mit Federkontaktstiften kontaktiert. Um durch die organische Schicht hindurch die ITO-Anode zu erreichen, kommen Kontaktstifte mit spitzen Zacken zum Einsatz. Zur schonenden Kontaktierung der dünnen Kathodenschicht auf der Oberseite der Fotodetektoren werden im Gegenzug abgerundete Federkontaktstifte verwendet. Die Messung der U-I-Kennlinien der Fotodetektoren erfolgt über eine sogenannte „Source-Measure-Unit" (SMU, Keithley 238), wobei immer nur ein Fotodetektor zeitgleich angeschlossen ist. Die Kathode wird über die SMU geerdet. Über die SMU kann eine definierte Spannung an den jeweiligen Fotodetektor angelegt werden, während gleichzeitig der resultierende Strom gemessen wird.

Die y-Position der organischen Fotodetektoren wird zunächst auf die Höhe des Laserstrahls eingestellt. Dann wird die Probe in x-Richtung definiert schrittweise verfahren, so dass damit der Laserstrahl in x-Richtung über die Probe fährt (Abbildung 4.6). Auf diese Weise wird die Verschiebung des Laserstrahls durch die Dispersion des Dünnschichtfilters simuliert. Für die einzelnen x-Positionen des Laserstrahls werden U-I-Kennlinien der beiden Fotodetektoren aufgezeichnet und anschließend in Form von I-x-Kennlinien ausgewertet.

4.3.1.2 MESSAUFBAU ZUR WELLENLÄNGENDETEKTION

Da eine Änderung des Einfallswinkels auch die Verschiebungscharakteristik des Dünnschichtfilters verändert, kann das Dünnschicht-Minispektrometer jeweils nur für Licht, das unter einem festgesetzten Winkel auftrifft, kalibriert werden. Voraussetzung für die Messung der Wellenlänge eines einfallenden Lichtstrahls mit dem Dünnschichtspektrometer ist daher der definierte Schrägeinfall des eintreffenden Strahls unter z.B. $\theta_{ein} = 45°$. Abbildung 4.19 zeigt den zur Charakterisierung des Prototyps verwendeten Messaufbau bei dem die Probe sowohl in x- und y-Richtung als auch entlang des Winkels θ_{ein} anhand von mechanischen Verschiebeeinheiten justiert werden kann.

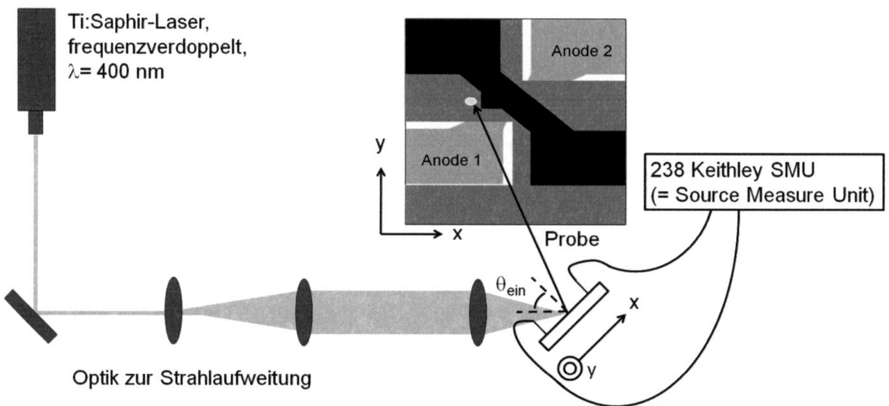

Abbildung 4.19: Schema des Messaufbaus zur Charakterisierung des Dünnschicht-Minispektrometers. Die Position der Probe kann durch mechanische Verschiebeeinheiten in x- und y-Richtung und durch eine Drehscheibe in Richtung des Winkels θ_{ein} an die jeweilige Messung angepasst werden.

Der Laserstrahl fällt auf die Substratvorderseite. Anschließend reflektiert er mehrmals zwischen Rück- und Topspiegel der Probe. In der Abbildung 4.19 werden beispielhaft drei Reflektionen des Strahls angedeutet bevor er durch einen organischen Fotodetektor an der Probenvorderseite absorbiert wird. Verändert man nun die Wellenlänge des Lichts, so erfassen die integrierten organischen Fotodetektoren die daraus resultierende Ortsverschiebung des Laserstrahls. Auf diese Weise wird das Dünnschicht-Minispektrometer kalibriert. Die Messdaten können nun als Referenz für die Messung unbekannter Wellenlängen im Detektionsbereich herangezogen werden.

Von ca. 720 nm bis 850 nm kann die Emissionswellenlänge des Lasers manuell durchgestimmt werden. Der Lichtstrahl kann optional über eine

Optik zur Strahlaufweitung auf die Probe fokussiert werden, allerdings ist der Strahldurchmesser beim Auftreffen auf die Fotodetektoren nicht direkt justierbar. Über die Montage einer CCD-Kamera am Ort der Probe, kann nur indirekt eine grobe Justage des Fokus bezüglich des Eintrefforts auf der Probe vorgenommen werden.

4.3.2 ORTSDETEKTION MIT ORGANISCHEN FOTODETEKTOREN

Im Rahmen dieser Arbeit wurden Proben mit jeweils zwei organischen Fotodetektoren hergestellt, wobei unterschiedliche Designs bezüglich der Detektorflächen und des Abstands zwischen den beiden Detektoren realisiert wurden (4.2.2). Abbildung 4.20 zeigt wie sich die Fotoströme von zwei Fotodetektoren einer Probe mit der x-Position des auftreffenden Laserstrahls verändern.

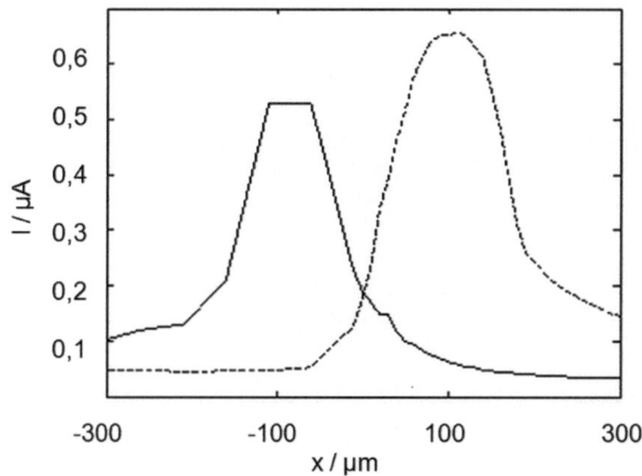

Abbildung 4.20: Fotostrom von zwei benachbarten organischen Fotodetektoren, aufgetragen über der Strahlposition x des auftreffenden Laserstrahls. An die Detektoren angelegte Spannung: U = -5 V, P_{Laser} = 5,8 μW, Abstand der beiden Detektoren: d = 40 μm, Fläche der Detektoren jeweils: A x B = 2000 x 490 μm².

Die Fläche eines Detektors beträgt hier jeweils A x B = 2000 μm² x 490 μm². Je nachdem wie groß die Fläche des jeweiligen Detektors ist, die vom Laserstrahl getroffen wird, nimmt der Fotostrom bis auf ein individuelles Maximum zu bzw. sinkt auf einen Minimalwert, der dem Dunkelstrom des jeweiligen Detektors entspricht. Die gemessenen Fotoströme liegen im Bereich von 0,06 μA und 0,7 μA und wurden bei einer Vorspannung von U= -5 V gemessen.

Der Abstand zwischen den beiden Fotodetektoren beträgt nur d = 40 μm. Der Fotostrom sinkt daher bei einer Laserstrahlposition zwischen den Detektoren, also um x = 0 μm nicht auf den Dunkelstrom ab. Weil der Laserstrahldurchmesser größer ist als der Detektorabstand, trifft auch bei dieser Laserstrahlposition Licht auf beide Detektoren und bewirkt jeweils einen Fotostrom. Die Leistung des Laserstrahls betrug bei dieser Messung P = 5,8 μW.

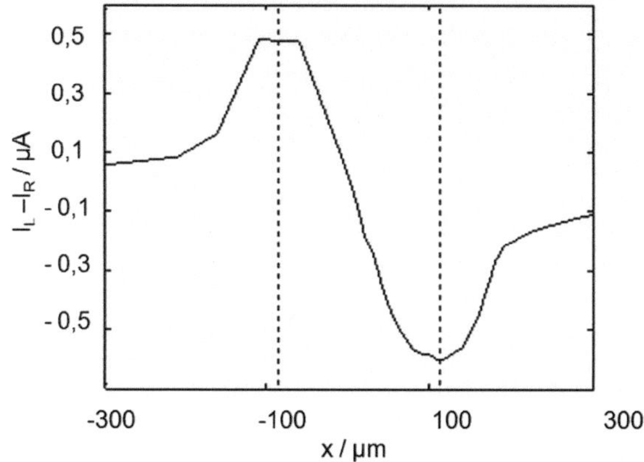

Abbildung 4.21: Stromdifferenz der beiden Fotodetektoren, aufgetragen über der Strahlposition x des detektierten Laserstrahls. (U = -5 V, P = 5.8 μW, d = 40 μm, A x B = 1000 x 490 μm^2).

Wie genau auf diese Weise die Strahlposition x der auftreffenden Laserstrahls bestimmt werden kann, zeigt Abbildung 4.21. Aufgetragen ist die Stromdifferenz von zwei Fotodetektoren derselben Probe über der Strahlposition x des detektierten Laserstrahls. Für eine Strahlposition zwischen x_1 = -100 μm und x_2 = +100 μm ergibt sich ein linearer Zusammenhang zwischen Stromdifferenz und Strahlposition. Folglich ist in diesem Bereich eine Bestimmung des Austrittsorts des Laserstrahls mit großer Zuverlässigkeit möglich. Da bei der Erstellung der Bauteile kein Schwerpunkt auf der Optimierung der Effizienz lag, fallen die durch den auftreffenden Laserstrahl erzeugten Fotoströme vergleichsweise gering aus. Dennoch zeigt die obige beispielhafte Messung, dass mit diesen Fotodetektor-Paaren eine Ortsdetektion des Laserstrahls innerhalb von ca. 200 μm möglich ist.

Die Bestätigung der Eignung der hier untersuchten Anordnung von zwei organischen Fotodetektoren zur Bestimmung des Eintrefforts eines Laserstrahls bereitet die Basis zur Realisierung und Messung des Dünnschicht-Minispektrometers in Abschnitt 4.3.3.

4.3.3 WELLENLÄNGENDETEKTION

Das Prinzip des Dünnschicht-Minispektrometers basiert darauf, dass der zu charakterisierende Laserstrahl über die Reflektion an dem dispersiven Dünnschichtfilter in Abhängigkeit von seiner Wellenlänge an einem bestimmten Ort auf die zwei organischen Fotodetektoren trifft. Nach einer initialen Kalibrationsmessung des Systems kann daher aus der Stromdifferenz der beiden Fotodetektoren auf die Wellenlänge des einfallenden Laserstrahls zurück geschlossen werden. Aus der Gegenüberstellung von Dunkelstrom und Fotostrom der organischen Fotodetektoren eines Dünnschicht-Minispektrometers folgt: Die Fotodetektoren detektieren das auftreffende Laserlicht. Der Abschnitt 4.3.3.1 geht neben der Detektionsfähigkeit im Allgemeinen auch auf die Besonderheiten der U-I-Kennlinie der gemessenen Dünnschicht-Minispektrometer ein. Im Anschluss werden Ergebnisse der Kennlinienmessung an den organischen Fotodetektoren eines Dünnschicht-Minispektrometers beim Durchstimmen der Laserwellenlänge präsentiert (4.3.3.2).

4.3.3.1 CHARAKTERISIERUNG DER HERGESTELLTEN CUPC:C60-OPDS

Entscheidend für den Einsatz der im Rahmen dieser Arbeit hergestellten organischen CuPc:C60-Fotodetektoren im Dünnschicht-Minispektrometer ist, ob eine deutliche Unterscheidung von Dunkel- und Fotostrom gewährleistet ist, unabhängig von der jeweiligen Kennlinienform. Abbildung 4.22 und Abbildung 4.23 zeigen, dass der Empfang von Licht mit diesen Fotodetektoren eindeutig möglich ist. Der Betrag des Fotostroms liegt in beiden Fällen klar über dem des Dunkelstroms des dargestellten Bauteils. Folglich werden Photonen in der organischen Schicht absorbiert und bewirken eine Zunahme des Stromtransports im Vergleich zu dem Fall ohne Lichteinfall auf das Bauteil.

Die Kennlinienform bei Lichtdetektion durch den organischen Fotodetektor fällt jedoch von Bauteil zu Bauteil unterschiedlich aus. Die Fotostromkennlinie des einen organischen Fotodetektors (Abbildung 4.22) ist positiv gekrümmt, diejenige des anderen Fotodetektors (Abbildung 4.23) ist negativ gekrümmt. Der Fotostrom liegt aber in beiden Fällen etwa eine Größenordnung über dem Dunkelstrom. Die Reproduzierbarkeit der Dunkelstromkennlinie ist sehr gut.

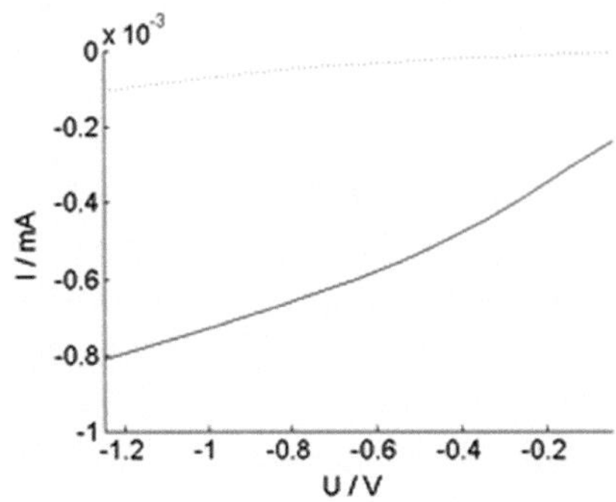

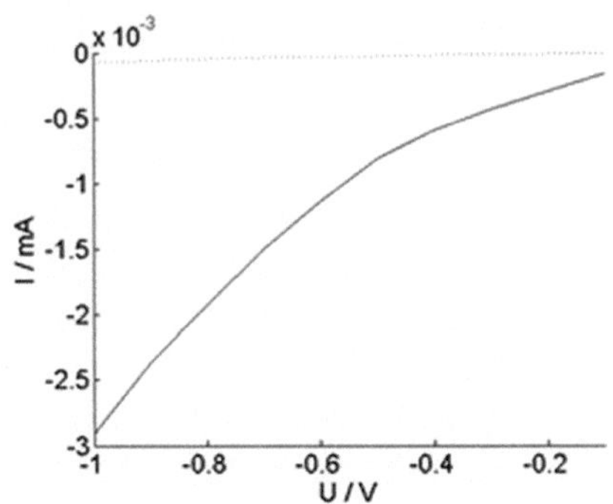

Abbildung 4.22: Dunkelkennlinie (gestrichelte Linie) und UI-Kennlinie eines organischen Fotodetektors (CuPc:C60) bei Bestrahlung mit 725 nm Laserlicht (durchgezogene Linie).

Abbildung 4.23: Dunkelkennlinie (gestrichelte Linie) und UI-Kennlinie eines organischen Fotodetektors (CuPc:C60) bei Bestrahlung mit 720 nm Laserlicht (durchgezogene Linie).

In Abbildung 4.24 ist der Verlauf des normierten Dunkelstroms für acht Dunkelstromkennlinien desselben organischen Fotodetektors aufgetragen. Die Messung der UI-Kennlinie wurde an demselben Messort achtmal wiederholt. In der Graphik ist zu sehen, dass sich der normierte Strom bei einer bestimmten angelegten Spannung von der ersten bis zur achten Messung nicht verändert. Die Kennlinienform bleibt folglich bei wiederholter Messung des Fotodetektors konstant. Die leichten Knickpunkte im Stromverlauf in Abbildung 4.24 sind vermutlich auf das Hintergrundrauschen des Messsystems zurückzuführen. Es ist keine schnelle Degradation des Fotodetektors an Raumluft zu beobachten. Generell scheint die Messung der CuPc:C60-Fotodetektoren an Raumluft und die teilweise mehrere Tage dauernde Lagerung der Bauteile an Raumluft im Dunkeln zu keiner raschen Degradation zu führen.

Die Form der Fotostrom-Kennlinien der organischen Fotodetektoren für das Dünnschicht-Minispektrometer stimmt nur bedingt mit der Ideal-Kennlinie eines Fotodetektors überein. Generell gleicht die Strom-Spannungs-Charakteristik von organischen Fotodetektoren eigentlich derjenigen von anorganischen Fotodetektoren. Nur der Ladungstransport beruht bei organischen Materialien auf anderen Prinzipien als der in anorganischen Fotodetektoren. Die fotoaktive Schicht in organischen Fotodetektoren ist nicht dotiert und die verwendeten organischen Materialien sind sehr schlechte Leiter. Zur Beschreibung der Fotostrom-Kennlinie organischer Fotodetektoren wurden verschiedene Modelle entwickelt [95, 96]. Mihailetchi [97] geht speziell auf die Abhängigkeit des Fotostroms von der angelegten Rückwärtsspannung ein. Die Messung der hier behandelten organischen Fotodetektoren zeigt im Idealfall eine Diodenkennlinie. Man spricht daher auch von organischen Fotodioden.

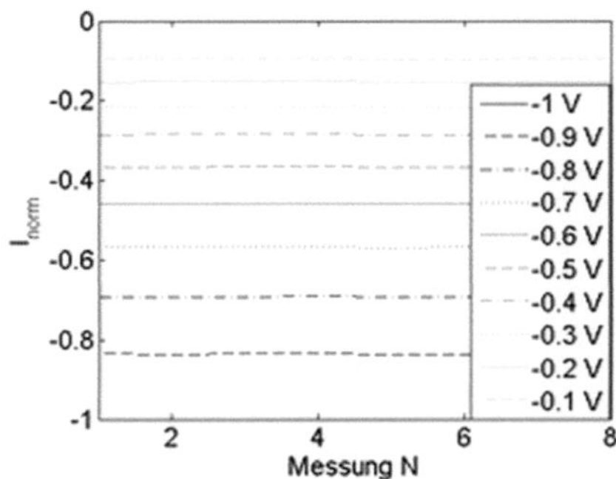

Abbildung 4.24: Gemessene normierte Dunkelstromkennlinie eines organischen Fotodetektors (CuPc:C60) eines Dünnschicht-Minispektrometers. Die Messung wurde achtmal an demselben Messort wiederholt.

Abbildung 4.25 zeigt schematisch den Verlauf des Stroms über der Spannung an einer idealen organischen Fotodiode.

Charakteristische Kenngrößen der Kennlinie sind die Leerlaufspannung U_0 und der Kurzschlussstrom I_0 bzw. bei Bestrahlung I_{ph}. Die dargestellte Kurve beschreibt eine Diodenkennlinie, die sich bei Bestrahlung zu höheren Kurzschlussströmen hin verschiebt. Für messtechnische Aufgaben, wie sie im Rahmen dieser Arbeit vorgesehen sind, ist der Betrieb der Fotodiode im dritten Quadranten, d.h. bei angelegter Rückwärtsspannung U_{bias} (engl. bias voltage) ideal. In diesem Bereich sollte der Zusammenhang zwischen absorbierter Strahlung und Fotostrom linear sein. Zudem ist die Empfindlichkeit des Systems bei einem idealen Kennlinienverlauf sehr hoch.

Abbildung 4.26 zeigt beispielhaft weitere an eigenen Proben gemessenen UI-Kennlinien unter dem Einfall von Laserlicht bei 720 nm. Gemessen wurde jeweils in einem Spannungsbereich von ca. -1 V bis 0 V. Die U-I-Kennlinie weist in diesem Bereich eine vergleichsweise große Steigung auf und ist von 0 V nach -1 V meist linksgekrümmt, teilweise auch rechtsgekrümmt (Abbildung 4.26). Mit einer Erhöhung der angelegten Rückwärtsspannung nimmt jedoch auch der Strombetrag zu. Im Gegensatz zum zugrunde liegenden Diodenmodell bleibt der Strom im Rückwärtsbetrieb bei niedrigen Spannungen also nicht konstant.

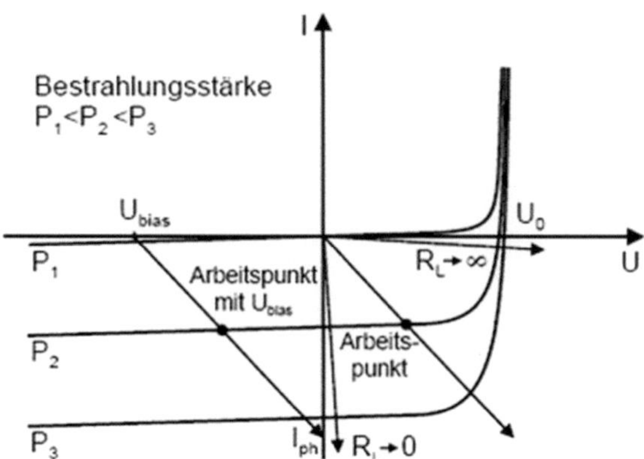

Abbildung 4.25: Kennlinie einer Fotodiode bzw. Solarzelle [98].

Die Messung erfolgt an Raumluft und ohne Umgebungsbeleuchtung, so dass die Proben während des Aufnehmens der Messreihe nur dem Laserlicht ausgesetzt sind. Die Leistung des Laserstrahls beträgt maximal einige Mikrowatt. Die Proben weisen zwar untereinander eine große Streuung bezüglich ihrer Kennlinie auf, die Messcharakteristik der einzelnen Proben bleibt allerdings bei Wiederholung der Messung recht konstant. Die deutlichen Unterschiede in der Größenordnung der gemessenen Ströme sind unter anderem darauf zurückzuführen, dass bei den Messungen nicht garantiert werden kann, dass der Laserstrahl jede Probe an einer vergleichbaren Position des jeweiligen Detektors trifft. Es ist zu erwarten, dass er bei einigen Proben am Rand des Detektors und bei anderen mittig im Detektor auftrifft, da die Justage des Laserstrahls auf die maximal 500 μm breiten Detektoren per Augenmaß nur grob möglich ist. Erschwerend wirkt sich hierbei aus, dass die Laserstrahlintensität bewusst nur gering gewählt wurde, um die Proben nicht zu beschädigen.

Die Verschiebung der Kennlinie bei Veränderung der eintreffenden Strahlungsintensität erfolgt nicht parallel zur Spannungsachse, sondern äußert sich in einer Veränderung der Steigung bzw. Krümmung der Kennlinie zusätzlich zur Verschiebung hin zu höheren Strömen. Abbildung 4.27 zeigt diese Verschiebung anhand von logarithmisch aufgetragenen UI-Kennlinien verschiedener OPD-Proben unter Lichteinfall mit 720 nm. Die Strahlungsintensität variiert bei den einzelnen Messungen nur insofern, als der Laserstrahl nicht bei jeder Probe in derselben Entfernung vor dem Frontspiegel auftrifft. Daher durchläuft der Laserstrahl nicht in allen Proben denselben Weg durch das Bauteil und kommt folglich auch mit unterschiedlicher Intensität am Detektor an. Hinzu kommt, dass technologisch gefertigte, baugleiche Detektoren nicht zwangsläufig dieselbe Empfindlichkeit aufweisen und daher im Einzelfall ein sehr unterschiedliches Detektorstromniveau haben können.

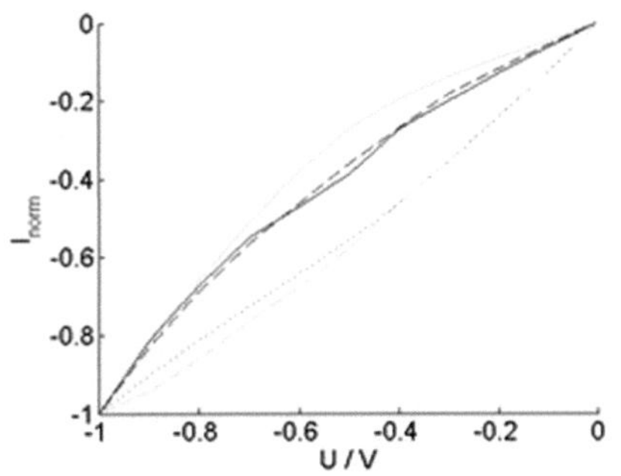

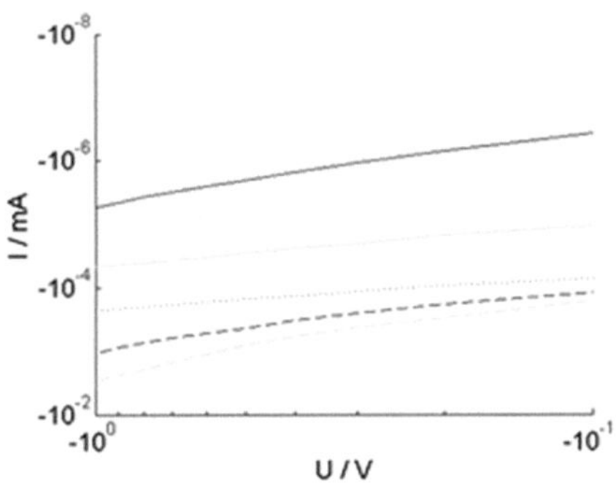

Abbildung 4.26: UI-Kennlinien verschiedener Fotodetektoren unter Laserlicht bei 720 nm – Darstellung mit normierten Strömen.

Abbildung 4.27: UI-Kennlinien verschiedener Fotodetektoren unter Laserlicht bei 720 nm – doppelt logarithmische Darstellung.

Um die Kennlinienform unabhängig vom Absolutwert des jeweiligen Stroms zu verdeutlichen ist in Abbildung 4.26 jeweils der auf den maximalen Strombetrag normierte Strom aufgetragen. Eine Linkskrümmung der Kennlinie von 0 V nach -1 V bedeutet, dass der Strombetrag nicht linear mit der angelegten externen Spannung zunimmt, sondern anschaulich durch ein entgegen gesetztes inneres Feld im Bauteil „gebremst" wird. Analog geben die nach rechts gekrümmten Kennlinien einen Hinweis darauf, dass ein inneres Feld das extern angelegte Feld verstärkt und dadurch der Strombetrag „beschleunigt" wird. In Anlehnung an Kumar et al. [99] wäre es daher möglich, dass sich in den jeweiligen Bauteilen an unterschiedlichen Grenzflächen ein Dipolfeld ausgebildet hat, das die Wirkung des externen Feldes entsprechend verstärkt oder schwächt. Analog zu der von Kumar et al. untersuchten Grenzfläche zwischen PEDOT:PSS und BCP wäre zunächst die Ausbildung eines Dipolfeldes an der organisch-metallischen Grenzfläche zwischen BCP und Al naheliegend. Denkbar wäre nun, dass sich die Dipolorientierung der Grenzfläche unterschiedlich ausbildet, je nachdem wie stark der Lichteinfall ist, d.h. dass der Strombetrag für die Krümmung der Kennlinie ausschlaggebend ist. Da die Fotodetektoren an Raumluft betrieben wurden, kann möglicherweise eine Reaktion der verwendeten Materialien bei Lichteinfall für die Dipolbildung verantwortlich gemacht werden. Die Kennlinien in Abbildung 4.27 lassen in Abstimmung mit denjenigen in Abbildung 4.26 jedoch keinen eindeutigen Rückschluss in diese Richtung zu. Es ist allenfalls eine Tendenz erkennbar, dass bei niedrigeren Strombeträgen eher ein „bremsendes" und bei höheren Strombeträgen eher ein „beschleunigendes" Dipolfeld vorliegt. Grundsätzlich ist es auch möglich, dass die Grenzflächenreaktionen bei den einzelnen Bauteilen auf Grund des seriellen Herstellungsprozesses unterschiedlich ausfallen.

4.3.3.2 KENNLINIEN DES DÜNNSCHICHT-MINISPEKTROMETERS

Am Strom der organischen Fotodetektoren ist eindeutig feststellbar, ob sie von einem Lichtstrahl getroffen werden. Auf diese Weise wird vor der eigentlichen Messung ein geeigneter Auftreffort des Laserstrahls auf der Probe mit dem Dünnschicht-Minispektrometer eingestellt. Der Laserstrahl trifft unter einem Winkel von 45° auf die Probe und wird zwischen dem dispersiven Filter und dem metallischen Topspiegel mehrfach reflektiert (Abbildung 4.28 zeigt schematisch nur eine Reflektion).

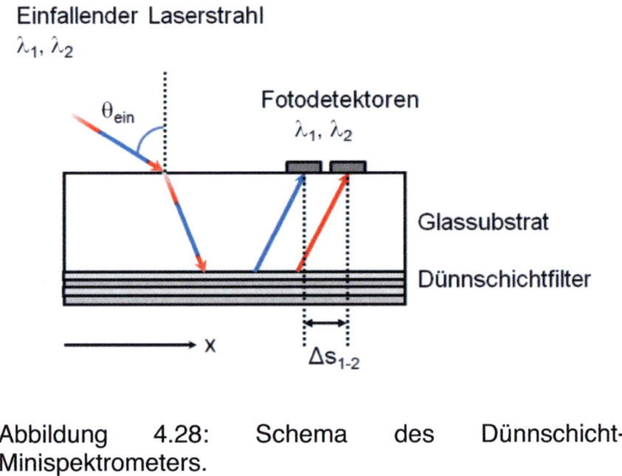

Abbildung 4.28: Schema des Dünnschicht-Minispektrometers.

Anschließend trifft er auf einen oder beide Fotodetektoren, was aus der Kennlinie der jeweiligen Fotodetektoren ersichtlich ist. Wird nun die Wellenlänge des Laserstrahls z.B. über den Bereich von 725 nm bis 740 nm durchgestimmt, so verschiebt sich auf Grund der Mehrfachreflektion an dem dispersiven Dünnschichtfilter die Auftreffposition des Laserstrahls auf dem einen Fotodetektor bzw. auf beiden Fotodetektoren.

Messung an einem Fotodetektor

Hat der Durchmesser des Laserstrahls etwa dieselbe Größe wie der Fotodetektors, so ändert sich bei einer Verschiebung der Laserstrahlposition der Anteil der Detektorfläche, der von dem Laserstrahl getroffen wird. Folglich kann über die Veränderung des Fotostroms an diesem Detektor auf die Ortsänderung des Laserstrahls zurück geschlossen werden. Sind

116

der Auftreffort des Laserstrahls und der Einfallswinkel einmal festgelegt, so kann auf diese Weise eine Referenzmessung erstellt werden, die einen eindeutigen Zusammenhang zwischen Fotostrom und Strahlposition des reflektierten Laserstrahls herstellt. Über die Strahlposition kann in Folge auf die Wellenlänge des Laserstrahls geschlossen werden. Anhand der schematischen Darstellung des wandernden Laserstrahls in Abbildung 4.29 wird deutlich weshalb sich der Fotostrom in Abhängigkeit von der Laserstrahlposition ändert. Das Profil des Laserstrahls ist in der Zeichnung durch zwei Kreise dargestellt. Der innere Kreis symbolisiert den Bereich hoher Intensität in der Strahlmitte. Der äußere Kreis zeigt jeweils die Ausdehnung des Laserstrahls auf dem Detektor. Im Fall 1-3 ändert sich die durch den Laserstrahl beleuchtete Fläche des Fotodetektors nicht wesentlich. Allerdings ist der Flächenanteil, der von der zentralen Laserstrahlkomponente getroffen wird im Fall 1 und Fall 3 geringer als im Fall 2. Durch den in x-Richtung wandernden Laserstrahl wird daher am Detektor ein Fotostrom verursacht, der von x_1 nach x_2 ansteigt und zu x_3 hin wieder abnimmt.

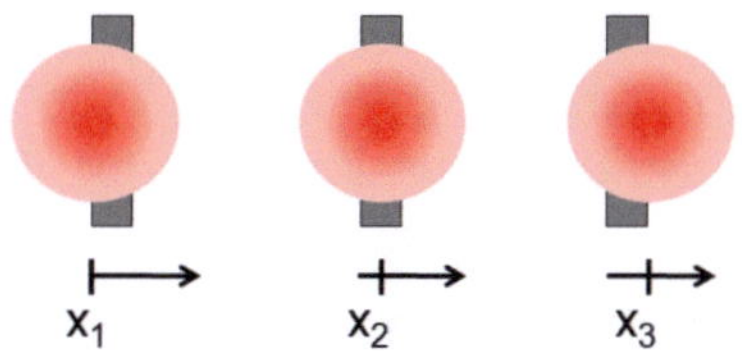

Abbildung 4.29: Ortsänderung des Laserstrahlprofils in x-Richtung. In Abhängigkeit von der jeweils getroffenen Detektorfläche ändert sich der Fotostrom am Detektor.

Bei der Messung mit dem Dünnschicht-Minispektrometer wird die Ortsverschiebung des Laserstrahls entlang der x-Achse durch die Veränderung der Wellenlänge bewirkt. In der folgenden Messung (Abbildung 4.30) wurde der Verlauf des Fotostroms an einem Detektor beim Durchstimmen der Wellenlänge von 725 nm bis 740 nm unter Verwendung einer externen Einkoppellinse vor dem Bauteil aufgenommen (graue Messpunkte). Die angelegte Spannung beträgt U = -1,25 V.

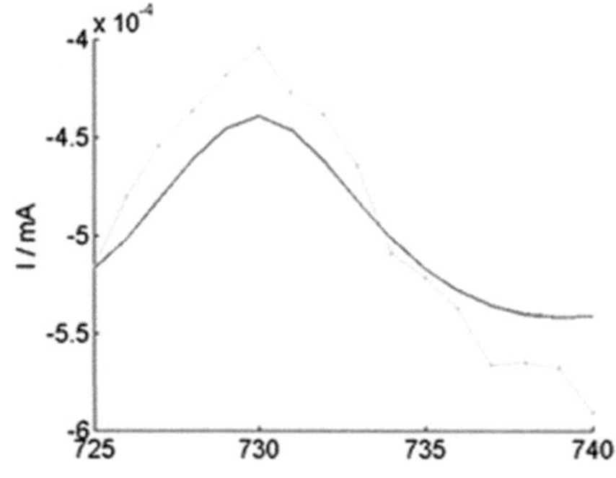 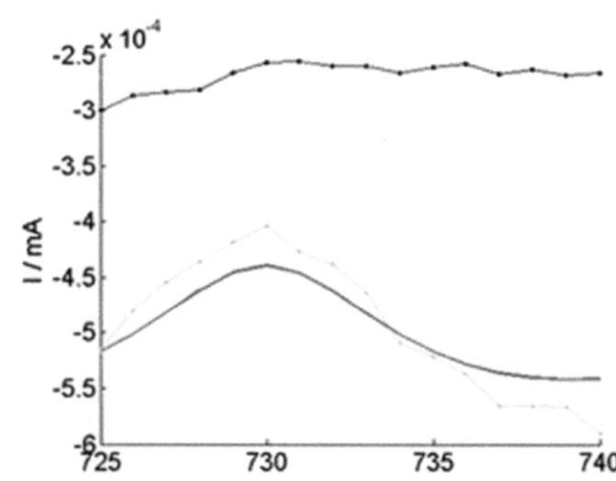

Abbildung 4.30: Verlauf des Fotostroms I bei Veränderung der Wellenlänge λ des einfallenden Laserstrahls. hellgrau: Messung; dunkelgrau: simulierte Dispersion des Dünnschichtfilters (x-Position in a.u. über λ); U = -1,25 V.

Abbildung 4.31: Ohne externe Einkoppellinse (schwarz) liegt der gemessene Fotostrom I deutlich niedriger als mit externer Einkoppellinse (hellgrau). Die simulierte Dispersionscharakteristik (x-Position in a.u. über λ) - dunkelgrau – ist besser in der Messung mit Einkoppellinse (hellgrau) wieder zu erkennen. U = -1,25 V.

Von 725 nm bis 730 nm nimmt der Betrag des Fotostroms von ca. $5,2 \cdot 10^{-4}$ mA auf ca. $4,0 \cdot 10^{-4}$ mA ab um dann im weiteren Verlauf bis 740 nm auf knapp $6,0 \cdot 10^{-4}$ mA anzusteigen. Die ebenfalls eingezeichnete dunkelgraue Linie stellt den Verlauf der Dispersion über der Wellenlänge dar. Die Soll-Kurve der simulierten Verschiebung s wurde hierfür um 2 nm hin zu höheren Wellenlängen verschoben, da der für das gemessene Bauteil verwendete Filterausschnitt offensichtlich eine leichte Abweichung gegenüber den Sollparametern aufweist. Die Skalierung der Dispersionskurve wurde in y-Richtung so angepasst, dass ein qualitativer Vergleich der Maxima und Minima von gemessener λ-I- Kennlinie und simulierter λ-s-Kurve möglich ist.

Die Messung wurde zwei Mal hintereinander durchgeführt. Beim zweiten Durchlauf wurde die externe Einkoppellinse wieder entfernt. Die externe Linse bewirkt bei der ersten Messung eine Fokussierung des Laserstrahls und damit eine Verringerung des Laserstrahldurchmessers auf dem Fotodetektor. Daher nimmt bei der Messung ohne Einkoppellinse die Strahlintensität auf dem Fotodetektor ab und der resultierende Fotostrom liegt niedriger als bei der Messung mit externer Linse (Abbildung 4.31). Es liegt wieder eine Spannung von U = -1,25 V an. Der Betrag des Fotostrom ist in diesem Fall ca. $3 \cdot 10^{-4}$ mA bei einer Wellenlänge von 725 nm. Er sinkt auf ca. $2,5 \cdot 10^{-4}$ mA bei 730 nm und steigt infolge nur noch auf ca. $2,6 \cdot 10^{-4}$ mA bei 740 nm an. Durch die Fokussierung des Laserstrahls über eine externe Einkoppellinse wie bei der ersten Messung (Abbildung 4.19) nimmt also nicht nur der Absolutwert des Fotostroms, sondern auch die relative Veränderung des Fotostroms mit der Ortsänderung des Laserstrahls zu.

Anschaulich bedeutet das Absinken des Fotostroms von 725 nm nach 730 nm, dass sich der Laserstrahl auf diesem Abschnitt von dem Fotodetektor wegbewegt, z.B. in der Richtung von Position x_2 auf Position x_3 (Abbildung 4.29). Wird die Wellenlänge von 730 nm weiter bis 740 nm durchgestimmt, so bewegt sich der Laserstrahl wieder zurück in Richtung von Position x_3 auf Position x_2. Um über den Fotostrom auf die Wellenlänge des auftreffenden Laserstrahls schließen zu können, muss bekannt sein, ob die gesuchte Wellenlänge λ im Bereich von 725 nm bis 730 nm oder von 730 nm bis 740 nm liegt. Die direkte Vergleichbarkeit der Dispersionskurve und der gemessenen Fotostromkennlinie λ-I ist bei Verwendung eines einzelnen Fotodetektors nur dann gewährleistet, wenn der Auftreffort des Laserstrahls über den gesamten Messverlauf entweder rechts oder links der Detektormitte liegt. Würde der Laserstrahl z.B. beim Durchstimmen von 730 nm nach 740 nm über die Detektormitte laufen, dann ergäbe sich in Abweichung von der Dispersionskurve kein stetig ansteigender Fotostrom. Der möglicherweise zunächst ab 730 nm ansteigende Fotostrom würde ab dem Überqueren der Detektormitte zu 740 nm hin wieder fallen. Eine eindeutige Bestimmung der einfallenden Wellenlänge ist grundsätzlich nur in einem Wellenlängenabschnitt mit monoton steigender oder fallender Dispersionskurve möglich.

Messung an zwei benachbarten Fotodetektoren

Erst wenn ein zweiter benachbarter Fotodetektor hinzugezogen wird und der Laserstrahldurchmesser ausreichend groß ist, so dass beide Fotodetektoren ein messbares Signal liefern, kann aus dieser Messung eindeutig auf die Bewegungsrichtung des Laserstrahls geschlossen werden. Abbildung 4.32 zeigt das Fotodetektorenpaar mit dem die Position und damit indirekt die Wellenlänge des auftreffenden Laserstrahls im Dünnschicht-Minispektrometer bestimmt wird. Der Abstand zwischen den beiden längs gerichteten Fotodetektoren (Außenmaße ca. 450 μm x 2 mm) beträgt ca. 140 μm. Auf der invertierten Lichtmikroskopaufnahme sind auch die Zuleitungen der Fotodetektoren zu erkennen. Die Kontaktierung des linken Fotodetektors erfolgt über die Zuleitung nach links unten, die des rechten Fotodetektors über die Zuleitung nach rechts oben. Die beiden Fotodetektoren werden zudem über eine gemeinsame Topelektrode kontaktiert, die einen Großteil des Bildausschnitts weiß überdeckt.

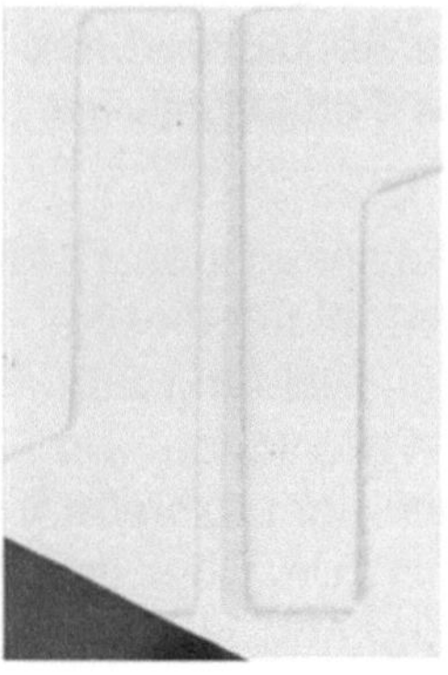

Abbildung 4.32: Invertiertes Lichtmikroskopbild von zwei benachbarten Fotodetektoren mit Zuleitungen. Abstand ca. 140 μm, Außenmaße ca. 450 μm x 2 mm.

Die schematische Darstellung des über zwei benachbarte Fotodetektoren wandernden Laserstrahls in Abbildung 4.33 verdeutlicht, weshalb sich der Fotostrom in Abhängigkeit von der Laserstrahlposition ändert. Das Profil des Laserstrahls ist in der Zeichnung durch zwei Kreise dargestellt. Der innere Kreis symbolisiert den Bereich hoher Intensität in der Strahlmitte. Der äußere Kreis zeigt jeweils die relevante Ausdehnung des Laserstrahls auf dem Detektor. Die Höhe des Fotostroms I am jeweiligen Detektor wird durch die bestrahlte Detektorfläche unter Berücksichtigung der lokalen Intensität X(x,y) des auftreffenden Laserstrahls bestimmt (4.3-1). Diese hängt von der Strahlungsleistung P_λ des Laserstrahls am Ort (x,y) und der vom Laserstrahl bestrahlten Detektorfläche A ab.

$$I \sim \int (dP_\lambda(x,y) \,/\, dA)\; dx\; dy \tag{4.3-1}$$

Je höher die Leistung des Laserstrahls ist, desto mehr Photonen treffen pro Zeiteinheit auf den Detektor. Entsprechend steigt damit in der Tendenz die Anzahl der absorbierten Photonen und damit der mögliche Fotostrom an. Durch die inhomogene Intensitätsverteilung der Strahlungsleistung über das gesamte Laserstrahlprofil können sich über das Bauteil verteilt senkrecht zur Detektorfläche unterschiedlich hohe Parallelströme ergeben, die sich an den Elektroden zu einem Gesamtstrom addieren.

Im Fall x_1 liegt die Auftreffposition des Laserstrahls auf dem linken Detektor. Dennoch erzeugen die Randbereiche des Strahls auch ein Signal an dem rechten Detektor. Der Fotostrom wird an dem linken Detektor deutlich höher sein als an dem rechten Detektor. Durch die parallele Auswertung der Fotoströme beider Fotodetektoren ist eine zuverlässigere Aussage über den Auftreffort des Laserstrahls möglich, als bei der Auswertung nur eines einzelnen Fotodetektors.

Nehmen die Fotoströme beider Detektoren mit einer Bewegung z.B. in x-Richtung zu, so folgt daraus, dass das Zentrum des Laserstrahls aus positiver oder negativer x-Richtung auf die beiden Detektoren zuwandert. Zur Bestimmung der Richtung müssen in diesem Fall die Absolutwerte der Fotoströme verglichen werden. Ist der Fotostrom am ersten Detektor deutlich höher, so wandert der Laserstrahlmittelpunkt in positiver x-Richtung auf die Detektoren zu. Sobald das Zentrum des Laserstrahls die Mitte des ersten Detektors überquert hat, nimmt dessen Fotostrom wieder ab, während der Fotostrom am zweiten Detektor weiterhin ansteigt. Dieser steigt wiederum an, bis das Zentrum des Laserstrahls die Mitte des zweiten Detektors überquert. Dann nimmt der Fotostrom an beiden Detektoren wieder ab.

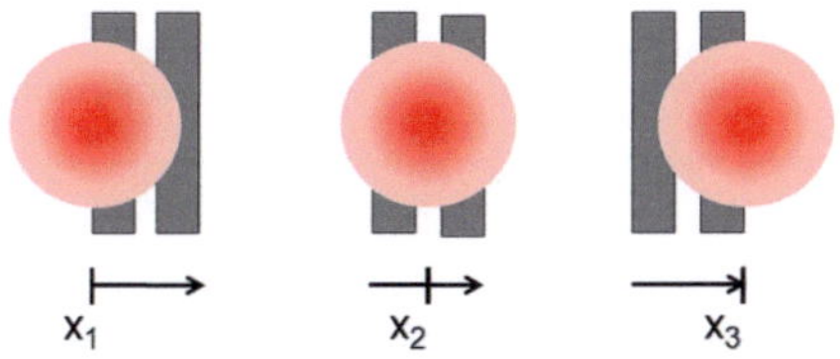

Abbildung 4.33: Schematische Darstellung der Ortsänderung des Laserstrahls in x-Richtung. In Abhängigkeit von der jeweils getroffenen Detektorfläche ändert sich der Fotostrom am jeweiligen Detektor.

Die folgende Messreihe zeigt exemplarisch, wie aus der Messung der Fotoströme über die Berechnung der Fotostromdifferenzen auf die Strahlposition des eintreffenden Laserstrahls geschlossen werden kann. Es werden für zwei um 100µm voneinander entfernte Eintrittspositionen des Laserstrahls (116 und 106) Fotostromkennlinien der beiden Detektoren aufgenommen. Über den Verlauf der Fotostromdifferenzen der beiden Detektoren (Abbildung 4.34) erfolgt der Rückschluss auf die jeweiligen Positionen des auf die Detektoren tretenden Laserstrahls (Abbildung 4.35).

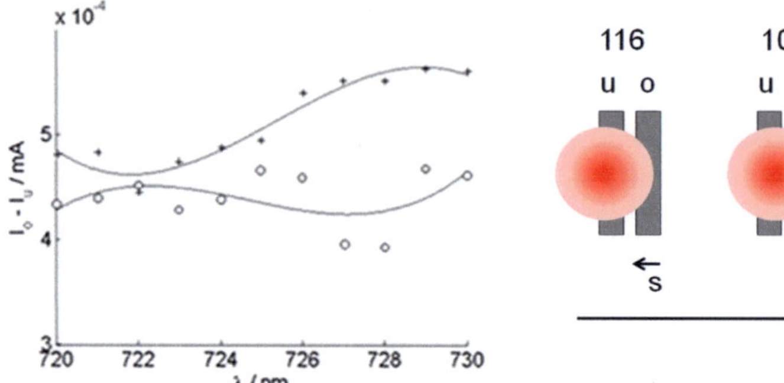

Abbildung 4.34: Fotostromdifferenz $I_o - I_u$ des Detektorpaars an Position 116 (Kreise) und an Position 106 (Kreuze), jeweils bei einem Laserstrahl der Wellenlänge λ und einer Spannung von -1 V an allen Fotodetektoren.

Abbildung 4.35: Schematische Ansicht des Laserstrahldurchmessers auf den beiden Detektoren für Position 116 und Position 106. Die Position der Fotodetektoren im Verhältnis zum Laserstrahl ist von 116 nach 106 um x = -100 μm manuell verschoben.

Die Fotostromdifferenz im Fall der Eintrittsposition 116 weist ein Minimum bei 722 nm auf und ein Maximum bei ca. 728 nm. Umgekehrt zeigt sich bei derjenigen der Eintrittsposition 106 bei 722 nm ein Maximum und bei ca. 728 nm ein Minimum. Diese gegenläufigen Kennlinien legen nahe, dass der Laserstrahl von Position 116 nach Position 106 eine OPD-Mitte durchläuft. Von ca. 722 nm bis ca. 728 nm wandert der Laserstrahl auf Grund der Verschiebung vermutlich durch den dispersiven Dünnschichtfilter in positive x-Richtung. Die Stromdifferenzkurve verläuft entgegengesetzt gerichtet, je nachdem, ob sich der Strahlmittelpunkt beim Durchstimmen der Wellenlänge rechts oder links der oben erwähnten OPD-Mitte bewegt. Bei der Messung mit der Eintrittsposition 106 zeigt die Stromdifferenzkurve eine deutlich größere Steigung als bei der Messung mit der Eintrittsposition 116.

Unter der Annahme, dass die beiden Detektoren nicht nur baugleich sind, sondern auch identische Kennlinienverläufe aufweisen, ist die Stromdifferenz wie folgt zu interpretieren:

Bei der Messung mit Eintrittsposition 116 entfernt sich der Strahlmittelpunkt von der Mitte des Detektors OPD_u und von der des Detektors OPD_o. Da der Strahlmittelpunkt näher am Detektor OPD_u liegt, ist der Betrag des Fotostroms an diesem Detektor höher und bestimmt damit die Richtung der Stromdifferenzkurve.

Im Gegensatz dazu tragen bei der Messung mit Eintrittsposition 106 die Strombeträge beider Detektoren in derselben Richtung zur Steigung der Stromdifferenzkurve bei. Der Strahlmittelpunkt bewegt sich auf die Mitte des Detektors OPD_u zu und gleichzeitig weg von der Mitte des Detektors OPD_o. Daher weist diese Stromdifferenz auch eine betragsmäßig höhere Steigung auf als diejenige zur Messung mit der Eintrittsposition 116. Abbildung 4.35 zeigt schematisch den Laserstrahlverlauf auf den beiden Fotodetektoren, der sich aus der Analyse der Messdaten ergibt.

Ein weiteres Beispiel verdeutlicht im Folgenden, inwiefern die Gleichmäßigkeit des Laserstrahlprofils die Interpretation der Messdaten beeinflusst.

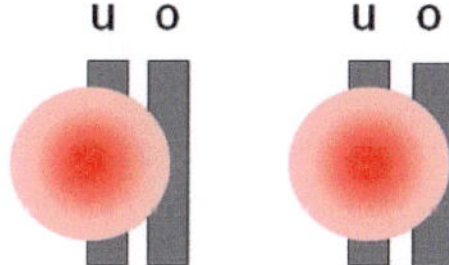

Abbildung 4.36: Schematische Ansicht des Laserstrahldurchmessers auf den beiden Detektoren für Position 92 und Position 106. Die Position der Fotodetektoren im Verhältnis zum Laserstrahl ist von 92 nach 106 um x = - 140 μm manuell verschoben.

Zunächst wird der Eintreffort des Laserstrahls so justiert, dass an beiden Fotodetektoren ein messbarer Fotostrom fließt. Die Gegenüberstellung der im Wellenlängenabschnitt von 720 bis 730 nm gemessenen Fotoströme bei einer angelegten Spannung von -1V zeigt, dass die Absolutwerte am Fotodetektor OPD_u ca. um einen Faktor vier höher liegen als am Fotodetektor OPD_o (Abbildung 4.37 und Abbildung 4.38). Die Fotostromkurven über der Wellenlänge verlaufen an beiden Detektoren analog: Der höchste Strombetrag fließt jeweils bei ca. 727,5 nm, der niedrigste Strombetrag bei ca. 721 nm. Die dunkelgrau eingezeichnete Linie dient als Hilfslinie um den Kurvenverlauf zu verdeutlichen. Die Messwerte sind jeweils mit kleinen Kreuzsymbolen markiert.

Der Auftreffort des Laserstrahls (d. h. die Mitte des auftreffenden Laserstrahls) liegt auf der x-Achse entweder links oder rechts außen neben den beiden Detektoren OPD_o und OPD_u, da der Verlauf der Stromkurven über der Wellenlänge bei beiden Detektoren analog ist. Die etwa um einen Faktor vier höheren Strombeträge am OPD_u deuten darauf hin, dass der Laserstrahlmittelpunkt beim Durchstimmen der Wellenlänge links neben dem OPD_u entlang der x-Achse bewegt wird. Da der Laserstrahldurchmesser ausreichend groß ist, wird an beiden Fotodetektoren ein Signal gemessen. Die größere Entfernung zum Detektor OPD_o bewirkt jedoch, dass der Betrag des Fotostroms an diesem Detektor niedriger ausfällt.

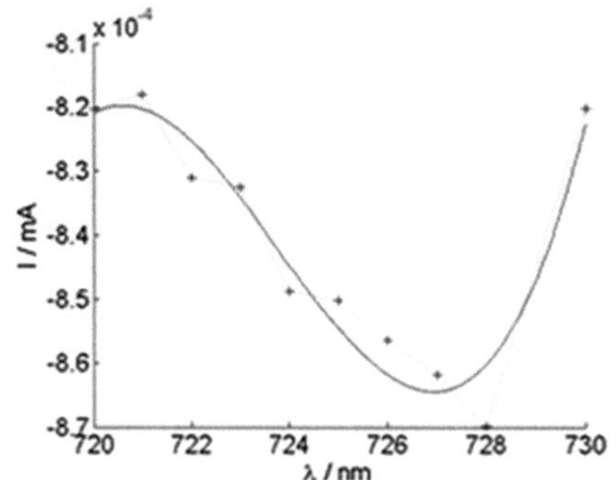

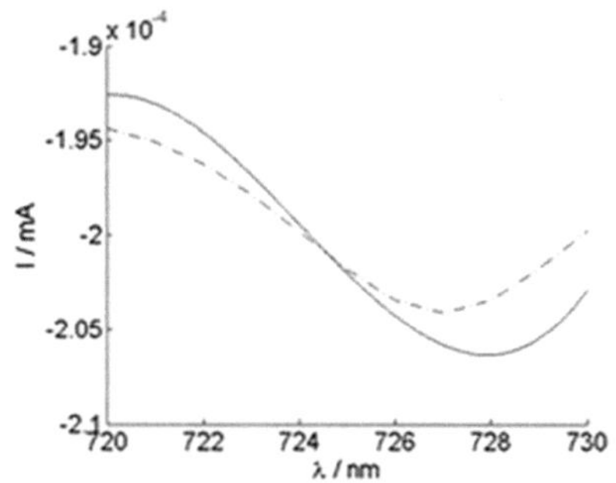

Abbildung 4.37: Fotostrom an der OPD_u über der Wellenlänge λ des einfallenden Laserstrahls an der Detektorposition 92 (Messwerte: Kreuze, Linie: gefittete Kurve).

Abbildung 4.38: Fotostrom an der OPD_o über der Wellenlänge λ des einfallenden Laserstrahls an der Detektorposition 92 (Messwerte: Kreuze, Linie: gefittete Kurve).

Der Verlauf der Fotostromkurven ist analog zu dem Verlauf der Dispersionskurve des Dünnschichtfilters (Abbildung 4.39). Die Dispersion des Dünnschichtfilters bewirkt, dass der Laserstrahl nach den Reflektionen innerhalb des Bauteils je nach Wellenlänge versetzt an der Oberfläche austritt. Daraus folgt, dass der Laserstrahl über den Fotodetektor wandert und der Betrag des resultierenden Fotostroms zunimmt, weil der Laserstrahlmittelpunkt immer näher an den Detektormittelpunkt wandert – so zu sehen in Abbildung 4.39 von 720 nm hin zu 728 nm. Folglich zeigt die Messung der Fotoströme, dass der Laserstrahl mit dem Verstimmen der Wellenlänge auf Grund der Verschiebung durch den dispersiven Dünnschichtfilter in x-Richtung wandert.

Verschiebt man nun den Eintrittsort des Laserstrahls um 140 μm in positive x-Richtung, so verschieben sich die Fotoströme an den beiden Fotodetektoren gegenläufig (Abbildung 4.40 und Abbildung 4.41).

Der Betrag des Fotostroms an dem Detektor OPD_u nimmt über den gesamten Wellenlängenbereich um ca. $1 \cdot 10^{-4}$ mA ab, während er an dem Detektor OPD_o um ca. $2\text{-}3 \cdot 10^{-4}$ mA höher liegt. Generell deutet diese

Veränderung der Strombeträge darauf hin, dass die verschobene Ausgangsposition nun näher an dem OPD_o liegt und dafür weiter von dem OPD_u entfernt ist.

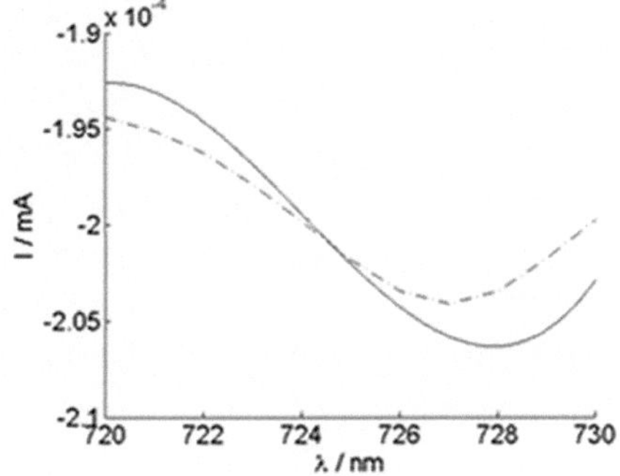

Abbildung 4.39: Fotostrom an der OPD_o über der Wellenlänge λ des einfallenden Laserstrahls an der Detektorposition 92 (Punkt-Strich-Linie: an die Messwerte gefittete Kurve, durchgezogene Linie:Soll-Verlauf der Dispersionskurve (x-Position in a.u. über λ)).

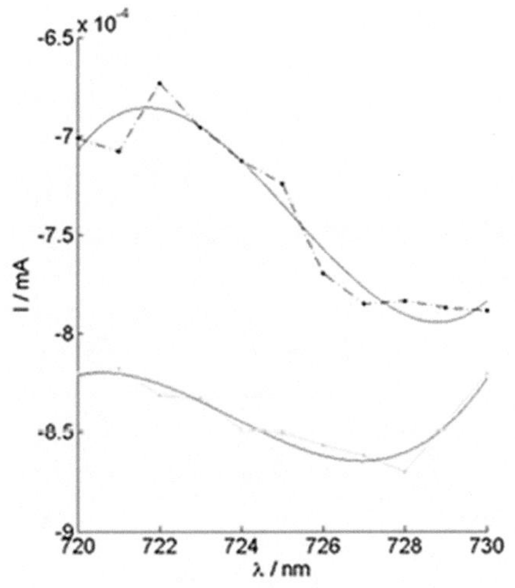

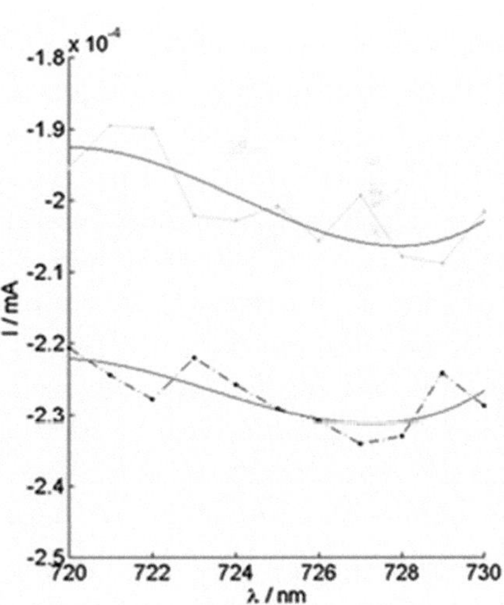

Abbildung 4.40: Jeweils angefittete I-λ-Messkurven der OPD_u an den Positionen 106 (schwarze Punkte) und 92 (graue Punkte).

Abbildung 4.41: Jeweils angefittete I-λ-Messkurven der OPD_o an den Positionen 106 (schwarze Punkte) und 92 (graue Punkte).

Wäre das der Fall, dann läge die Messposition zwischen den beiden Detektoren und es müsste sich damit auch der Stromverlauf über der Wellenlänge am Detektor OPD_o umkehren. Da letzteres nicht der Fall ist, ist der Abfall des Fotostrombetrags an dem Detektor OPD_u wohl darauf zurückzuführen, dass der Laserstrahl keine gleichmäßige Intensität über seinen gesamten Querschnitt aufweist. Der Strahlmittelpunkt trifft also bei der Messung mit nach rechts verschobenem Eintrittsort weiterhin links von dem Detektor OPD_u auf. Allerdings liegt er nun näher an den beiden Detektoren und wird daher auch von einem größeren Flächenanteil des Laserstrahlprofils getroffen. Somit nimmt der Strombetrag am Detektor OPD_u zu. Der Strombetrag am Detektor OPD_o sollte eigentlich auch zunehmen. Da aber der zentrale Laserstrahlanteil, der auf den Detektor OPD_o trifft, eine vergleichsweise niedrige Intensität aufweist, nimmt der Strombetrag leicht ab.

4.4 DISKUSSION

Der **dispersive Dünnschichtfilter** bestimmt als zentrales Bauteil den Funktionsbereich und die geometrischen Rahmenbedingungen des Dünnschicht-Minispektrometers. Bezüglich des Wellenlängenbereichs und der innerhalb dessen vorliegenden Verschiebungscharakteristik kann das Design des Dünnschichtfilters entsprechend der jeweiligen Anwendung angepasst werden.

Der vorgestellte Prototyp wurde unter Verwendung von **organischen Fotodetektoren** realisiert. Dadurch wird sowohl eine potentiell kostengünstige Herstellung großer Stückzahlen ermöglicht als auch eine hohe Flexibilität in der Ausgestaltung der Fotodetektoren bzgl. ihres Absorptionsbereichs und ihrer geometrischen Anordnung. Da die Strukturierung der Fotodetektoren fotolithographisch erfolgt, können die Detektoren sehr präzise positioniert werden. Auf Grund der eingebetteten organischen Materialien müssen die Fotodetektoren vor dem praktischen Einsatz des Dünnschicht-Minispektrometers ggf. noch verkapselt werden. Des Weiteren können zur Anpassung des Laserstrahlprofils zusätzliche Einkoppellinsen auf dem Dünnschichtfilter integriert werden.

Der **Spektralbereich** des Dünnschicht-Minispektrometers wird bestimmt durch die Verschiebungscharakteristik des dispersiven Dünnschichtfilters und den Absorptionsbereich der eingesetzten organischen Fotodetektoren. Welche **Auflösung** innerhalb dieses Bereichs erreicht wird, ergibt sich aus der softwareseitigen Auswertung der Detektorsignale unter Berücksichtigung der geometrischen Anordnung der Fotodetektoren und der Eigenschaften des auftreffenden Laserstrahlprofils.

Die durchgeführten Versuche zeigen, dass die **Bestimmung des Auftrefforts** eines Laserstrahls anhand von organischen Fotodetektoren sehr präzise möglich ist. Hilfreich für die anschließende Auswertung der Messdaten ist allerdings, wenn der Laserstrahl auf die Ebene der Detektoren fokussiert wird, so dass auf die Detektorebene unabhängig von der Wellenlänge ein weitgehend gleichmäßiges Laserstrahlprofil auftrifft. Ein Ansatz hierfür ist die Integration einer Einkoppellinse am Strahleintrittsort in den dispersiven Dünnschichtfilter.

Vor dem **Einsatz in der Praxis** muss der Eintrittsort des Laserstrahls festgelegt werden. Hierfür wird eine Referenzmessung der Stromverläufe an den Fotodetektoren bei Änderung der Wellenlänge des eintreffenden Laserstrahls durchgeführt. Anhand der vorliegenden Messwerte ist ein Rückschluss vom Stromverlauf auf einfallende unbekannte Wellenlängen möglich. Gegebenenfalls muss die Kalibrierung der Detektoren Form und Gleichmäßigkeit des Laserstrahlprofils einbeziehen. Die Auswertung der Messdaten sollte softwaretechnisch durch entsprechende Algorithmen optimiert und automatisiert werden.

ZUSAMMENFASSUNG

Im Rahmen dieser Arbeit werden zwei neuartige integrierte Bauelemente erstmals realisiert und ihre Möglichkeiten und Limitationen diskutiert: ein Dünnschicht-Laserscanner und ein Dünnschicht-Minispektrometer. Da die zentrale Funktion der Bauelemente jeweils durch einen dispersiven Dünnschichtfilter erfüllt wird, sind die Bauelemente mit ca. 10 mm³ von sehr geringer Baugröße. Insbesondere auf Grund der mechanischen und chemischen Widerstandsfähigkeit der Dünnschichtfilter bieten sie viele Freiheitsgrade bezüglich des Systemdesigns und der Integration weiterer Komponenten. Die Dispersion der Dünnschichtfilter kann über das Filterdesign an die jeweilige Anwendung angepasst werden.

Interessante weitere Designoptionen, wie die Möglichkeit schaltbarer Dünnschichten und damit dynamischer Veränderung des Dispersionsprofils ergeben sich durch die Integration von organischen Dünnschichten. Die technologische Realisierung von solchen Hybrid-Dünnschichtfiltern wird anhand von beispielhaften Hybridschichtern analysiert. Es werden Strategien untersucht, wie man die Rissbildung bei der Herstellung von dispersiven Hybrid-Dünnschichtfiltern aus Polystyrol und Tantalpentoxid bzw. PMMA und Tantalpentoxid auf Glassubstraten vermeiden kann. In Folge werden rissfreie Hybridschichter aus Polystyrol und Tantalpentoxid, Polystyrol und Siliziumdioxid als auch aus PMMA und Siliziumdioxid auf Glassubstraten hergestellt.

Für den Spektralbereich um 800 nm wird die Planung, Herstellung und Charakterisierung des Prototyps eines Dünnschicht-Laserscanners bestehend aus Dünnfilmstruktur, Mikrolinse und durchstimmbarem Laser erläutert. Die erreichte Ablenkung pro Nanometer durchgestimmter Wellenlänge beträgt 2,7°. Daraus folgt, dass durch Kombination eines dispersiven Dünnschichtfilters mit einer oder mehreren Mikrolinsen ein Laserscanner ohne bewegliche Bauteile realisiert werden kann. Die optische Systemoptimierung anhand von Simulationen zeigt, dass mit dem vorgestellten Konzept Laserscanner mit einem Scanwinkel von etwa 40 ° herstellbar sind. Allerdings muss der maximale Scanwinkel gegen die erreichbare Strahlqualität des Ausgangsstrahls abgewogen werden.

Des Weiteren wird anhand eines makroskopischen Prototypsystems gezeigt, dass eine zweidimensionale Laserstrahlablenkung mit nur einem mechanischen Aktuator möglich ist, wenn dieser mit einem passenden optischen Array kombiniert wird. Kombiniert man diesen Ansatz mit der örtlichen Verschiebung durch einen dispersiven Dünnschichtfilter, wie oben zusammengefasst, so ist es möglich, eine zweidimensionale Laserstrahlablenkung ohne mechanische Komponenten zu realisieren.

Anschließend wird ein neuartiges Konzept für ein Minispektrometer bestehend aus einem dispersiven Dünnschichtfilter und organischen Fotodetektoren vorgestellt. Die praktische Umsetzung des Dünnschicht-Minispektrometers erfolgt in Form eines Prototyps für den Spektralbereich um 800 nm. An diesem werden grundlegende Messungen durchgeführt, die die Funktionsweise des Dünnschicht-Minispektrometers veranschaulichen. Mögliche Einsatzbereiche für das Dünnschicht-Minispektrometer liegen nach Übersetzung des Konzepts in den jeweils benötigten Wellenlängenbereich in der Absorptionsspektroskopie von Gasen oder Feststoffen.

LITERATURVERZEICHNIS

1. Kosaka, H., et al., *Superprism phenomena in photonic crystals.* Phys. Rev. B, 1998. **58**(16): p. R10 096-R10 099.

2. Kosaka, H., et al., *Superprism Phenomena in Photonic Crystals: Toward Microscale Lightwave Circuits.* Journal of Lightwave Technology, 1999. **17**(11): p. 2032-2038.

3. Zengerle, R., *Light propagation in singly and doubly periodic planar waveguides.* J. Mod. Opt., 1987. **34**(12): p. 1589-1617.

4. Zengerle, R. and O. Leminger, *Frequency Demultiplexing Based on Beam Steering in Periodic Planar Optical Waveguides.* J. Opt. Commun., 1990. **11**(1): p. 11-12.

5. Dowling, J.P. and C.M. Bowden, *Anomalous index of refraction in photonic bandgap materials* J. Mod. Opt., 1994. **41**(2): p. 345-351.

6. Baba, T. and M. Nakamura, *Photonic Crystal Light Deflection Devices Using the Superprism Effect.* IEEE J. Quantum Electron., 2002. **38**(7): p. 909-914.

7. Wu, L., et al., *Superprism Phenomena in Planar Photonic Crystals.* IEEE J. Quantum Electron. , 2002. **38**(7): p. 915-918

8. Gerken, M. and D.A.B. Miller, *Wavelength Demultiplexer Using the Spatial Dispersion of Multilayer Thin-Film Structures.* IEEE Photonics Technology Letters, 2003. **15**(8).

9. Mcleod, H.A., *Thin-Film Optical Filters.* 2001: Institute of Physics Publishing

10. Kosaka, H., et al., *Photonic crystals for micro lightwave circuits using wavelength-dependent angular beam steering.* Applied Physics Letters, 1999. **74**(10): p. 1370-1372.

11. Gerken, M. and U. Lemmer, *Dispersive photonic nanostructures for integrated sensors.* Proceedings of SPIE, 2005. **6008**.

12. Gerken, M. and D.A.B. Miller, *Multilayer thin-film structures with high spatial dispersion.* Applied Optics, 2003. **42**(7): p. 1330-1345.

13. Gerken, M. and D.A.B. Miller, *Multilayer Thin-Film Stacks With Steplike Spatial Beam Shifting.* Journal of Lightwave Technology, 2004. **22**(2): p. 612-618.

14. Gerken, M. and D.A.B. Miller, *Limits on the performance of dispersive thin-film stacks.* Applied Optics, 2005. **44**(16): p. 3349-3357.

15. Sinzinger, S. and J. Jahns, *Microoptics.* 1999: Wiley-vch.

16. http://www.ipms.frauenhofer.de, *1D und 2D Mikroscannerspiegel.* 25.10.2007, Frauenhofer Institut Photonische Mikrosysteme (IPMS), Dr. H. Schenk.

17. Lammel, G., S. Schweizer, and P. Renaud, *Optical Microscanners and Microspectrometers using Thermal Bimorph Actuators* 2002, Boston: Kluwer Academic Publishers.

18. Motamedi, M.E., et al., *Miniaturized micro-optical scanners.* Optical Engineering, 1994. **33**: p. 3616-3623.

19. Toshiyoshi, H., et al., *A Surface Micromachined Optical Scanner Array Using Photoresist Lenses Fabricated by a Thermal Reflow Process.* Journal of Lightwave Technology, 2003. **21**(7).

20. Kazaura, K., et al., *Performance Evaluation of Next Generation Free-Space Optical Communication System.* IEICE Trans. Electron., 2007. **E90–C** (NO.2).

21. Singh, J., et al., *3D free space thermally actuated micromirror device.* Sensors and Actuators A 2005. **123–124**: p. 468–475.

22. Kitagawa, H., D.J. Boteler, and Y.C. Lee, *Thermo-mechanical behaviour of a micromirror for laser-to-fibre active alignment using bimorphs with breakable tethers.* International Journal of Materials and Production Technology, 2009. **34**(1-2): p. 54-65.

23. Polishuk, A., et al., *Wide-range, high-resolution optical steering device.* Optical Engineering, 2006. **45**(9).

24. Yang, J., et al., *Beam steering and deflecting device using step-based micro-blazed grating.* Optics Communications, 2008. **281**: p. 3969–3976.

25. Yang, Y., *Analytic Solution of Free Space Optical Beam Steering Using Risley Prisms.* Journal of Lightwave Technology, 2008. **26**(21).

26. Hällstig, E., et al., *Retrocommunication utilizing electroabsorption modulators and nonmechanical beam steering.* Optical Engineering, 2005. **44(4), 045001**.

27. Stockley, J. and S. Serati, *Multi-access Laser Terminal Using Liquid Crystal Beam Steering.* IEEEAC paper #1386, Version 3, 2005.

28. Nikulin, V.V., et al., *Modeling of an acousto-optic laser beam steering system intended for satellite communication.* Optical Engineering 2001. **40**(10): p. 2208–2214.

29. Glöckner, S., et al., *Piezoelectrically driven micro-optic fiber switches.* Optical Engineering, 1998. **37**: p. 1229-1234.

30. Glöckner, S., R. Göring, and T. Possner, *Micro-opto-mechanical beam deflectors.* Optical Engineering 1997. **36**: p. 1339-1345.

31. Jain, A.K., *Optical Array Method and Apparatus.* 1995.

32. Tanenbaum, *Computernetzwerke.* 2003.

33. Kung, H.L., et al., *Standing-Wave Transform Spectrometer Based on Integrated MEMS Mirror and Thin-Film Photodetector.* IEEE Journal on Selected Topics in Quantum Electronics, 2002. **8**(1).

34. Chaganti, K., et al., *A simple miniature optical spectrometer with a planar waveguide grating coupler in combination with a plano-convex lens.* Optics Express, 2006. **14**(9): p. 4064-4072.

35. Bidnyk, S., et al., *Cascaded Optical Microspectrometer Based on Additive Dispersion Planar Gratings.* IEEE Photonics Technology Letters, 2006. **18**(1).

36. Natali, D. and M. Sampietro, *Detectors based on organic materials: status and perspectives.* Nuclear Instruments and Methods in Physics Research A, 2003. **512**: p. 419-426.

37. Gerken, M., *Wavelength multiplexing by spatial beam shifting in multilayer thin-film structures*, in *Department of Electrical Engineering.* 2003, Stanford University: Palo Alto, California, USA.

38. Penfield, P., J.R. Spence, and S. Duinker, *Tellegen's Theorem and Electrical Networks.* 1970, Cambridge: M.I.T. Press.

39. Ernst, C., V. Postoyalko, and N.G. Khan, *Relationship Between Group Delay andStored Energy in Microwave Filters.* IEEE Trans. Microwave Theory and Techn., 2001. **49**(1).

40. Peumans, P., A. Yakimov, and R.S. Forrest, *Small molecular weight organic thin-film photodetectors and solar cells.* Journal of Applied Physics, 2002. **93**(7).

41. Heavens, O.S., *Optical properties of thin solid films.* 1991: Dover Publications.

42. Pettersson, L.A.A., L.S. Roman, and O. Inganäs, *Modeling photocurrent action spectra of photovoltaic devices based on organic thin films* Journal of Applied Physics, 1999. **86**(1).

43. Bennett, J.M., et al., *Comparison of the properties of titanium dioxide films prepared by various techniques.* Applied Optics, 1989. **28**(15).

44. Glöckler, F., et al., *Design of a 1:N switch using nonlinear optical materials in one-dimensional photonic nanostructures.* Proceedings of SPIE, 2006. **6393**.

45. Scrymgeour, D., et al., *Electro-optic control of the superprism effect in photonic crystals.* Applied Physics Letters, 2003. **82**(19).

46. Peters, S., et al., *Hybrid organic-dielectric thin-film stacks for nonlinear optical applications.* Thin Solid Films, 2007. **516**(4519).

47. Lin, Y., et al., *Nonlinear optical figures of merit of processible composite of poly(2- ethoxy,5-(2´-(ethyl)hexyloxy)-p-phenylene vinylene) and poly(methyl methacrylate).* Journal of Applied Physics, 2002. **91**(1): p. 522-524.

48. www.lot-oriel.de, *Eigenschaften optischer Materialien.* 2007.

49. Rao, K.N., *Studies on thin-film materials on acrylics for optical applications.* Bull. Mater. Sci., 2003. **26**(2): p. 239-245.

50. Schulz, U., *Review of modern techniques to generate antireflective properties on thermoplastic polymers.* Applied Optics, 2006. **45**(7): p. 1608.

51. Persano, L., et al., *Polymer microcavities by room temperature electron-beam evaporation of TiOx and SiOx.* Synth. Met., 2005. **153**: p. 329-332.

52. Boessel, A., *Untersuchungen zur Frequenzdurchstimmung eines Diodenlasers mit externem Resonator basierend auf dem akusto-optischen Effekt*, in *Mathematisch-Naturwissenschaftliche Fakultät*. 2009, Ernst-Moritz-Arndt-Universität Greifswald: Greifswald.

53. Duarte, F.J., *Tunable lasers handbook*. 1995: Academic press.

54. Dahmani, B., L. L. Hollberg, and R. Drullinger, *Frequency stabilization of semiconductor lasers by resonant optical feedback.* . Opt. Lett. , 1987. **12**(11): p. 876-878.

55. Laurent, P., A. Clairon, and C. Bréant, *Frequency noise analysis of optically self-locked diode lasers.* IEEE Journal of Quantum Electronics, 1989. **25**: p. 1131-1142.

56. Li, H. and H.R. Telle, *Efficient frequency noise reduction of GaAlAs semiconductor lasers by optical feedback from an external high-finesse resonator.* IEEE J. Quantum. Electron., 1989. **25**(3): p. 257-264.

57. Buus, J. and E. Murphy, *Tunable lasers in optical networks.* Journal of Lightwave Technology, 2006. **24**(1): p. 5-11.

58. Schweizer, H., et al., *Laterally Coupled InGaN/GaN DFB Laser Diodes.* Phys. Stat. Sol. (a), 2002. **192**(2): p. 301-307.

59. Hofstetter, D., et al., *Room-temperature pulsed operation of an electrically injected InGaN/GaN multi-quantum well distributed feedback laser.* Appl. Phys. Lett., 1998. **73**(15): p. 2158–2160.

60. Zimmermann, J., J. Struckmeier, and M.R. Hofmann, *Tunable blue laser based on intracavity frequency doubling with a fan-structured periodically poled LiTaO3 crystal.* Opt. Lett., 2002. **27**(08): p. 604-606.

61. Tanbun-Ek, T., et al., *Broad-Band Tunable Electroabsorption Modulated Laser for WDM Application.* IEEE J. Select. Topics Quantum Electron., 1997. **3**(3): p. 960-967.

62. Coldren, L.A., et al., *Tunable Semiconductor Lasers: A Tutorial.* J. Lightw. Techn. , 2004. **22**(1): p. 193-202.

63. Simsarian, J., et al., *Less than 5-ns wavelength switching with an SG-DBR laser.* IEEE Photonics Technology Letters, 2006. **18**(4): p. 565-567.

64. Simsarian, J. and L. Zhang, *Wavelength locking a fast-switching tunable laser.* IEEE Photonic Technology Letters, 2004. **16**(7): p. 1745-1747.

65. http://de.wikipedia.org.

66. Judy, J.W., *Microelectromechanical systems (MEMS): fabrication, design and applications.* Smart Mater. Struct., 2001. **10**: p. 1115–1134.

67. Spearing, S.M., *Material issues in microelectromechnical systems (MEMS).* Acta mater. 48, 2000. **48**: p. 179-196.

68. Daly, D., et al., *The manufacture of microlenses by melting photoresist.* Measurement Science Technology, 1990. **1**: p. 759-766.

69. Kim, E. and G.M. Whitesides, *Use of Minimal Free Energy and Self-Assembly To Form Shapes.* Chemical Materials, 1995. **7**: p. 1257-1264.

70. MacFarlane, D.L., et al., *Microjet Fabrication of Microlens Arrays.* IEEE Photonics Technology Letters, 1994. **6**(9).

71. Nussbaum, P., et al., *Design, fabrication and testing of microlens arrays for sensors and microsystems.* Pure Applied Optics, 1997. **6**: p. 617–636.

72. Popovic, Z.D., R.A. Sprague, and G.A.N. Connell, *Technique for monolithic fabrication of microlens arrays.* Applied Optics, 1988. **27**(7): p. 1281-1284.

73. Chen, C.-F., et al., *Silicon microlens structures fabricated by scanning-probe gray-scale oxidation.* Optics Letters, 2005. **30**(6): p. 652-654.

74. Chen, F.-C., W.-K. Huang, and C.-J. Ko, *Self-Organization of Microlens Arrays Caused by the Spin-Coating-Assisted Hydrophobic Effect.* IEEE Photonics Technology Letters, 2006. **18**(23).

75. Che-Ping, L., Y. Hsiharng, and C. Ching-Kong, *A new microlens array fabrication method using UV proximity printing.* Journal of Micromechanics and Microengineering, 2003. **13**: p. 748-757.

76. Kim, S.-M. and S. Kang, *Replication qualities and optical properties of UV-moulded microlens arrays.* J. Phys. D: Appl. Phys., 2003. **36**: p. 2451–2456.

77. Liu, Y., et al., *Design, implementation, and characterization of a hybrid optical interconnect for a four-stage free-space optical backplane demonstrator.* Applied Optics, 1998. **37**(14): p. 2895-2914.

78. Pan, L.-W., X. Shen, and L. Lin, *Microplastic Lens Array Fabricated by a Hot Intrusion Process.* Journal of Microelectromechanical systems, 2004. **13**(6): p. 1063-1071.

79. Park, S.-H., et al., *Refractive sapphire microlenses fabricated by chlorine-based inductively coupled plasma etching.* Applied Optics, 2001. **40**(22): p. 3698-3702.

80. Bacher, W., W. Menz, and J. Mohr, *The LIGA Technique and Its Potential for Microsystems - A Survey.* IEEE Transactions on Industrial Electronics, 1995. **42**(5).

81. Heckele, M., W. Bacher, and K.D. Müller, *Hot embossing - The molding technique for plastic microstructures.* Microsystem Technologies, 1998. **4**: p. 122-124.

82. Lee, J.-H., et al., *A simple and effective fabrication method for various 3D microstructures: backside 3D diffuser lithography.* J. Micromech. Microeng., 2008. **18**.

83. Suleski, T.J. and R.D. Te Kolste, *Fabrication Trends for Free-Space Microoptics.* Journal of Lightwave Technology, 2005. **23**(2).

84. Dopf, K., *Entwicklung eines Mikrolinsenarrays für einen 3D-Laserscanner, in Elektrotechnik und Informationstechnik.* 2007, Universität Karlsruhe (TH): Karlsruhe.

85. Ocana, O., *Microlenses for highly dispersive thin film filters, in Fakultät Elektrotechnik und Informationstechnik.* 2006, Universität Karlsruhe (TH): Karlsruhe.

86. Riechert, F., et al., *Low-speckle laser projection with a broad-area vertical-cavity surface-emitting laser in the nonmodal emission regime.* Appl. Opt. 48, 2009. **48**: p. 792-798.

87. Glöckler, F., *Bisher unveröffentlichte Forschungsarbeit zum Thema Dünnschichtfilter.* Lichttechnisches Institut, Universität Karlsruhe (TH), 2009.

88. Gerken, M., et al., *Strahlumlenkvorrichtung.* 2007, Patentanmeldung: 10 2007 048 780.2, Landesstiftung Baden-Württemberg gGmbH.

89. Gerken, M. and D.A.B. Miller, *Apparatus and method employing multilayer thin-film stacks for spatially shifting light.* 2006: US.

90. Inganaes, O., et al., *Recent progress in thin film organic photodiodes.* Synthetic Metals, 2001. **121**: p. 1525-1528.

91. Lanzani, G., A. Gambetta, and T. Virgili, *Organic photodiode of poly(9,9-dioctyl)fluorene.* 2006.

92. Okada, H., et al., *Organic photodiode and method for manufacturing the organic photodiode.* 2007: United States.

93. Shinar, J., *Organic Light-Emitting Devices - A Survey.* 2004: New York: Springer Verlag.

94. Punke, M., et al., *Dynamic characterization of organic bulk heterojunction photodetectors.* Applied Physics Letters, 2007. **91**: p. (071118).

95. Schilinsky, P., et al., *Simulation of light intensity dependent current characteristics of polymer solar cells.* Journal of Applied Physics, 2004. **95**: p. 2816.

96. Monestier, F., et al., *Modeling the short-circuit current density of polymer solar cells based on P3HT:PCBM blend.* Solar energy materials and solar cells, 2007. **91**(5): p. 405-410.

97. Vollhardt, K.P.C. and N.E. Schore, *Organische Chemie.* Vol. 3. Auflage. 2000: WILEYVCH.

98. Punke, M., *Organische Halbleiterbauelemente für mikrooptische Systeme*, in *Fakultät für Elektrotechnik und Informationstechnik.* 2007, Universität Karlsruhe (TH): Karlsruhe.

99. Kumar, A., S. Sista, and Y. Yang, *Dipole induced anomalous S-shape I-V curves in polymer solar cells.* Journal of Applied Physics, 2009. **105**(094512).

100. Al-Ibrahim, M., et al., *Flexible large area polymer solar cells based on poly(3-hexylthiophene)/fullerene.* Solar Energy Materials & Solar Cells, 2004. **85(12)**.

101. Camou, S., H. Fujita, and T. Fujii, *PDMS 2D optical lens integrated with microfluidic channels: principle and characterization.* Lab Chip, 2003. **3**: p. 40-45.

102. Peumans, P. and S.R. Forrest, *Very-high-efficiency doubleheterostructure copper phthalocyanine/C60 photovoltaik cells.* Applied Physics Letters, 2001. **79(1):126**.

103. Peumans, P., A. Yakimov, and S.R. Forrest, *Small molecular weight organic thin-film photodetectors and solar cells.* Journal of Applied Physics, 2003. **93(7):3693**.

104. Sensfuss, S., et al., *Characterization of potential donor acceptor pairs for polymer solar cells by ESR, optical, and electrochemical investigations.* Proceedings of SPIE, 2004. **5215**.

105. Bergauer, A. and C. Eisenmenger-Sittner, *Skript zur Vorlesung LVA Nr.133.463: „Physik und Technologie dünner Schichten"(2003W).* Technische Universität Wien, 2003.

ANHANG

A. Verwendete Organika

PEDOT:PSS, Baytron PH 500 Trivial-Name: Poly(3,4ethylendioxythiophene):poly(styrenesulfonate)	
Cas-Nr. 155090-83-8 Bezugsquelle: H.C. Starck Verwendung: Lochtransport Löslichkeit: Wasser Mischungsverhältnis: PEDOT:PSS entspricht 1:6	

P3HT	
Trivial-Name: Poly(3-hexylthiophen-2,5-diyl) Cas-Nr. 104934-50-1 Bezugsquelle: Rieke Metals Verwendung: Absorption Löslichkeit: 1,2-Dichlorbenzol, Toluol Reinheit: Electronic Grade	
HOMO 3,53eV, LUMO 5,2eV [100]	

PCBM	
Trivial-Name: [6,6]-Phenyl-C61-butyric-acid-methylester Formel: $C_{72}H_{14}O_2$ Cas-Nr. 160848-21-5 m_{Mol} 910,88 u Bezugsquelle: Nano-C, Solenne Verwendung: Absorption, Elektronen-transport	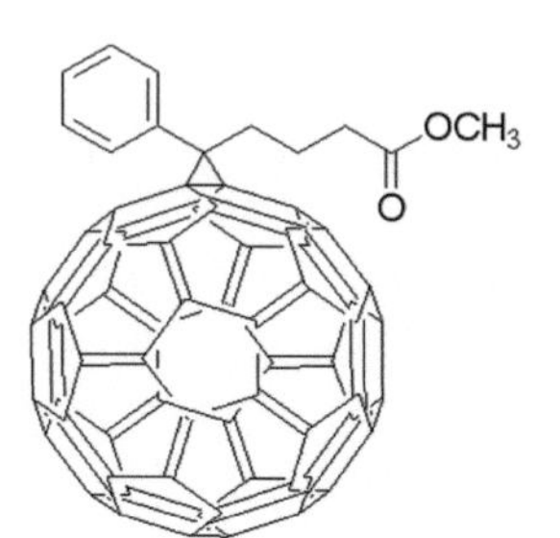
HOMO 3,75eV, LUMO 6,1 eV [100]	

CuPc	
Trivial-Name: Kupfer[101]-Phthalocyanin Formel: $C_{32}H_{16}CuN_8$ Cas-Nr. 147-14-8 m_{Mol} 576,07 u Bezugsquelle: Sigma-Aldrich / Sensient Verwendung: Absorption, Lochinjektion	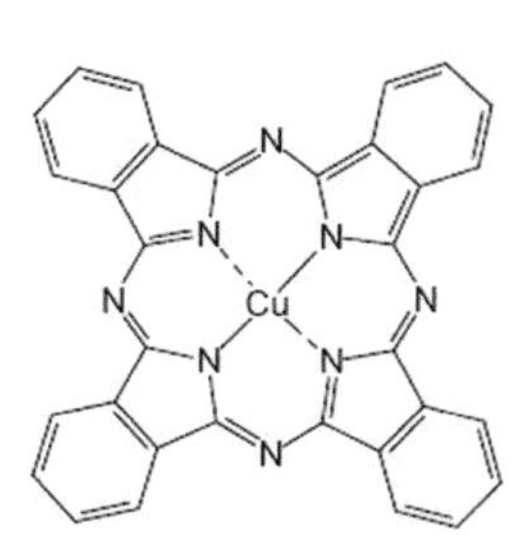
HOMO 3,5eV, LUMO 5,2eV [102, 103]	

C60

Trivial-Name: Buckminsterfullerene

Formel: C_{60}

Cas-Nr. 99685-96-8

m_{Mol} 720,64 u

Bezugsquelle: Sigma-Aldrich

Verwendung: Absorption, Elektronentransport

Schmelzpunkt: > 280°C

HOMO 4,5eV, LUMO 6,2eV [102-104]

BCP, Bathocuproin

Trivial-Name 2,9-Dimethyl-4,7-diphenyl-1,10-phenanthroline

Formel: $C_{26}H_{20}N_2$

Cas-Nr. 4733-39-5

m_{Mol} 360,45 u

Bezugsquelle: Sigma-Aldrich

Verwendung: Loch- & Exzitonen-Blocker

B. Schichtfolge der Dünnschichtfilter

Nr	Schichtdicke in m^{-1}	Brechungsindex	Nr	Schichtdicke in m^{-1}	Brechungsindex
0	$1,00 \cdot 10^3$	1,52	22	$4,9532 \cdot 10^8$	2,27
1	$7,6129 \cdot 10^8$	1,48	23	$7,6129 \cdot 10^8$	1,48
2	$1,5434 \cdot 10^6$	2,27	24	$8,8289 \cdot 10^7$	2,27
3	$7,6129 \cdot 10^8$	1,48	25	$7,6129 \cdot 10^8$	1,48
4	$4,9532 \cdot 10^8$	2,27	26	$4,9532 \cdot 10^8$	2,27
5	$7,6129 \cdot 10^8$	1,48	27	$7,6129 \cdot 10^8$	1,48
6	$1,7420 \cdot 10^6$	2,27	30	$4,9532 \cdot 10^8$	2,27
7	$7,6129 \cdot 10^8$	1,48	29	$7,6129 \cdot 10^8$	1,48
8	$4,9532 \cdot 10^8$	2,27	30	$4,9532 \cdot 10^8$	2,27
9	$7,6129 \cdot 10^8$	1,48	31	$7,6129 \cdot 10^8$	1,48
10	$4,9532 \cdot 10^8$	2,27	32	$4,9532 \cdot 10^8$	2,27
11	$7,6129 \cdot 10^8$	1,48	33	$7,6129 \cdot 10^8$	1,48
12	$4,9532 \cdot 10^8$	2,27	34	$4,9532 \cdot 10^8$	2,27
13	$7,6129 \cdot 10^8$	1,48	35	$7,6129 \cdot 10^8$	1,48
14	$8,8333 \cdot 10^7$	2,27	36	$4,9532 \cdot 10^8$	2,27
15	$7,6129 \cdot 10^8$	1,48	37	$7,6129 \cdot 10^8$	1,48
16	$4,9532 \cdot 10^8$	2,27	38	$4,9532 \cdot 10^8$	2,27
17	$7,6129 \cdot 10^8$	1,48	39	$7,6129 \cdot 10^8$	1,48
18	$4,9532 \cdot 10^8$	2,27	40	$4,9532 \cdot 10^8$	2,27
19	$7,6129 \cdot 10^8$	1,48	41	$7,6129 \cdot 10^8$	1,48
20	$4,9532 \cdot 10^8$	2,27	42	$4,9532 \cdot 10^8$	2,27
21	$7,6129 \cdot 10^8$	1,48	43	$7,6129 \cdot 10^8$	1,48

n = 1,52: Glassubstrat; n = 1,48: Siliziumdioxidschicht (n @ 800 nm); n = 2,27: Tantalpentoxidschicht (n @ 800 nm).

C. Verwendete Fotolacke

- AZ4562

Dicker Positivlack (d ~ 10 μm)

Bezugsquelle: MicroChemicals GmbH, Schillerstrasse 18, D-89077 Ulm, www.microchemicals.de

- SU8

Negativlack

Bezugsquelle: MICROCHEM, 1254 Chestnut Street, Newton, MA 02464, USA, www.microchem.com

D. Protokolle zur Herstellung der Fotodetektoren

- Typ A:

Ausgangspunkt ist ein bereits mit ITO beschichtetes Glassubstrat. Zunächst wird die ITO-Schicht fotolithografisch strukturiert. Darauf wird eine strukturierte SU8-Schicht realisiert. Nun wird PEDOT:PSS und infolge P3HT:PCBM aufgeschleudert. Im Anschluss wird eine Metallelektrode aus Aluminium thermisch aufgedampft. Im Folgenden werden detailliert die einzelnen Fertigungsschritte beschrieben:

a) ITO-Strukturierung mittels des Fotolacks ma-p 1215 und des Entwicklers ma-D313

1. Reinigung im Ultraschallbad in folgenden Lösungsmitteln: 1 min in Xylol, 5 min in Azeton, 5 min in Isopropanol. Die Proben liegen dabei senkrecht stehend in einem Teflonhalter. Dieser wird im Ultraschallbecken in ein Becherglas mit dem jeweiligen Lösungsmittel gestellt.

2. Dehydrieren der Proben auf einer Heizplatte bei 200°C für 15 min.

3. Proben werden mit der zu strukturierenden Seite nach oben auf eine Glasplatte gelegt und für 120 s bei einem Gasfluss von 30 sccm und einer Leistung von 300 w einem Sauerstoffplasma ausgesetzt.

4. Belacken der Proben durch Aufschleudern des Fotolacks ma-p 1215 zunächst für 5 s bei 350 U/min und einer Anlauframpe von 9 s. Dann für 30 s bei 2400 U/min und einer Anlauframpe von 9 s.

5. Prebake der Proben, wieder mit der zu strukturierenden Seite nach oben, für 90 s bei 100℃ auf einer Heizplatte. Im A nschluss die Proben abseits der Heizplatte 3 min abkühlen lassen.

6. Für ca. 60 s an einem i-Linien-Belichter belichten (Dauer variiert je nach Lebensdauer der Belichterlampe und muss daher regelmäßig nachkalibriert werden).

7. Proben in den Entwickler ma-D 313 tauchen - Entwicklungszeit ca. 35 s.

8. Hardbake für 5 min bei 100 ℃ auf einer Heizplat te.

9. Ätzen für ca. 5min in HCl.

10. Lackstrip in Azenton für ca. 60 s.

11. Reinigung im Ultraschallbad 5 min in Azeton und 5 min in Isopropanol.

b) Realisierung der strukturierten SU8-2005-Schicht

1. Dehydrieren der Proben auf einer Heizplatte bei 200℃ für 15 min.

2. Die Proben werden mit der zu strukturierenden Seite nach oben auf eine Glasplatte gelegt und für 120 s bei einem Gasfluss von 30 sccm und einer Leistung von 300 w einem Sauerstoffplasma ausgesetzt.

3. Belacken der Proben durch Aufschleudern des Fotolacks SU8-2005 zunächst für 5 s bei 500 U/min und einer Anlauframpe von 5. Dann für 30 s bei 2000 U/min und einer Anlauframpe von 9.

4. Prebake der Proben, wieder mit der zu strukturierenden Seite nach oben, für 60 s bei 65℃ auf einer Heizplatte, dann noch 60 s bei 95℃. Im Anschluss die Proben abseits der Heizplatte 3 min abkühlen lassen.

5. Für ca. 45 s an einem i-Linien-Belichter belichten (Dauer variiert je nach Lebensdauer der Belichterlampe und muss daher regelmäßig nachkalibriert werden).

6. Postbake auf der Heizplatte 80 s bei 65℃, dann 80 s bei 95℃. Proben 3 min abseits der Heizplatte abkühlen lassen.

7. Proben in den Entwickler mr-Dev 600 (micro resist technologies GmbH, Berlin) tauchen - Entwicklungszeit ca. 3 min. Spülen der Proben mit Isopropanol. Im Anschluss 4 min bei 30sccm und 300 W in den Plasmaverascher (Sauerstoffplasma).

7. Hardbake für zunächst 30 s bei 65 ℃, dann 60 s bei 95℃, dann 80 s bei 175℃ auf der Heizplatte. Am besten verwendet m an drei verschiedene Heizplatten für die unterschiedlichen Temperaturstufen.

8. Reinigung im Ultraschallbad 5 min in Azeton und 5 min in Isopropanol.

c) Aufschleudern von PEDOT:PSS

1. Die Proben werden mit der zu strukturierenden Seite nach oben auf eine Glasplatte gelegt und für 120 s bei einem Gasfluss von 30 sccm und einer Leistung von 300 W einem Sauerstoffplasma ausgesetzt.

2. Die PEDOT:PSS-Suspension wird 20 min im Ultraschallbad bei 120V homogen gemischt.

3. Das Aufschleudern der PEDOT:PSS-Suspension erfolgt in Inertgasatmosphäre (stickstoffgefüllte Handschuhbox) zunächst für 3 s bei 500 U/min und einer Anlauframpe von 100 U/(min s). Dann für 55 s bei 4000 U/min und einer Anlauframpe von 500 U/(min s).

4. Die Proben werden in Inertgasatmosphäre bei 120°C für 30 min in einem Ofen ausgeheizt.

d) Aufschleudern der P3HT:PCBM-Schicht

Die Stoffe P3HT und PCBM sind im Verhältnis 1:0.9 in 1,2-Dichlorbenzol gelöst. Die Stoffkonzentration im Lösungsmittel beträgt 45 mg/ml. Das Aufschleudern erfolgt in Inertgasatmosphäre (stickstoffgefüllte Handschuhbox).

- Typ B:

Auf ein bereits mit ITO beschichtetes Glassubstrat – Verfahren zur Strukturierung der ITO-Schicht siehe oben - wird folgende Schichtfolge in einem thermischen Aufdampfprozess aufgebracht:

Material	Dichte [g/cm³]	Z-Ratio	Rate [Å/s]	Dicke [nm]	
CuPc	1	1	0,2	5	
CuPc/C60	1/1	1/1	0,2/0,5	40	
C60	1	1	0.2:2	5	
BCP	1	1	0,1	8	
Al	2,70	1,080	4,5	250	250

CuPc, C60 und BCP: Erläuterungen zu den Materialien im Abschnitt A, Al: Aluminium.

E. Herstellung der organischen und metallischen Dünnschichten

Die Schichtherstellung der organischen Schichten aus der Klasse der „Kleinen Moleküle" und der metallischen Dünnschichten erfolgt durch thermisches Aufdampfen. Die Substrate werden in eine Bedampfungsanlage (Lesker Spectros: Widerstandsverdampfung) eingebaut, die sowohl organische als auch metallische Quellen enthält. Der Rezipient (Abbildung 0.1) wird auf einen Druck von mind. 10^{-6} mbar evakuiert. So kann das verdampfte Material direkt auf das Substrat treffen und Verunreinigungen der Schicht durch andere Materialien werden verhindert.

Das zu verdampfende Material befindet sich in einem Tiegel, der über einen stromdurchflossenen Heizer erhitzt wird. Die Temperatur, bei der das jeweilige Material verdampft, orientiert sich an seiner Schmelztemperatur. Die verwendeten Metalle verdampfen erst bei etwa 1000 °C, die organischen Materialien bereits bei einigen hundert Grad Celsius. Einige Metallschichten wurden auch durch Elektronenstrahl gestütztes Aufdampfen in einer Univex-Anlage aufgebracht.

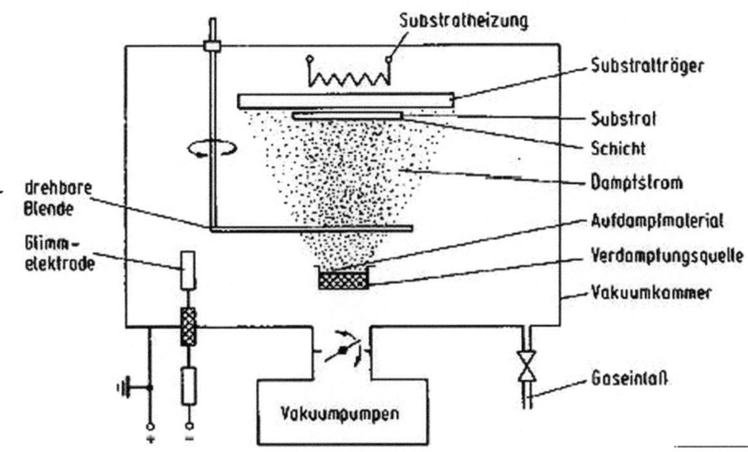

Abbildung 0.1: Schema einer Aufdampfanlage. Das erwärmte Aufdampfmaterial kann sich im Vakuum ungehindert in Richtung des Substrats ausbreiten und dort als dünne Schicht kondensieren [105].

Der Abstand zwischen Quelle und Substrathalter beträgt in beiden Anlagen etwa 0,5 m. Zwei Aspekte gehen in die Bewertung dieser Entfernung ein: Bei einer zu geringen Entfernung kann eine unkontrollierte Erwärmung der Substrate während des Aufdampfens erfolgen. Außerdem ist bei einer zu geringen Entfernung zwischen Quelle und Substrat die Gleichmäßigkeit der aufgedampften, also auf dem Substrat kondensierenden Schicht schlechter. Deshalb sind diesbezüglich möglichst große Entfernungen wünschenswert. Durch die Abdeckung von bestimmten Substratbereichen besteht die Möglichkeit die aufgedampften Schichten zu strukturieren. Dazu werden Schattenmasken verwendet, die möglichst nah am Substrat anliegen, um Abschattungseffekte an den Kanten zu minimieren. Die Technik des Aufdampfens ermöglicht außerdem die Herstellung von Legierungen bzw. dotierten Schichten und Mehrschichtsystemen.

Die Struktur einiger organischer Schichten (v. a. aus der Klasse der Polymere) würde jedoch beim Prozess des Aufdampfens zerstört. Diese Organika (PS, PMMA, PEDOT, P3HT:PCBM) werden daher zunächst in Lösung bzw. Dispersion gebracht und in Folge durch Aufschleudern mit einem so genannten „Spin-coater" als Dünnschicht auf das Substrat aufgetragen (Abbildung 0.2). Die Lösung bzw. Dispersion wird jeweils bei einer definierten Umdrehungszahl auf das Substrat aufgeschleudert. Die resultierende Schichtdicke ergibt sich aus den Aufschleuderparametern und der Konzentration bzw. der daraus folgenden Viskosität der verwendeten Lösung. Das Lösungsmittel verdunstet entweder direkt während des Aufschleuderns oder bei einer nachfolgenden Wärmebehandlung.

Das Verfahren ist einfach und kostengünstig. Allerdings ist bei der Herstellung von Mehrschichtern durch Aufschleudern zu berücksichtigen, dass die bereits aufgetragenen Dünnschichten sich nicht durch das Aufbringen von weiteren Lösungen wieder vom Substrat lösen dürfen. Im Gegensatz zum Aufdampfen ist eine Strukturierung der aufgetragenen Schicht nicht ohne weiteres möglich.

Die Schichtdicke der Dünnschichten wurde jeweils mit einem Profilometer des Typs DEKTAK 800 von Veeco gemessen.

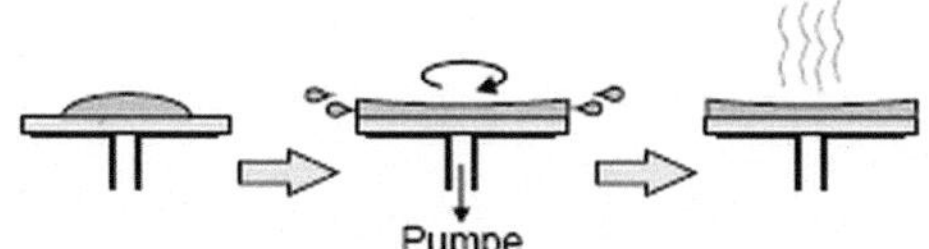

Abbildung 0.2: Herstellung von Dünnschichten per Aufschleuderverfahren: Eine Lösung wird auf das Substrat aufgebracht. Anschließend wird die Probe sehr schnell rotiert und das Lösungsmittel verdampft. Auf dem Substrat verbleibt eine dünne Schicht des Ausgangsmaterials.